DEUTSCHE VERSUCHSANSTALT FÜR LUFTFAHRT E.V.

Bericht Nr. 16

W. Thielemann

Über die Beulung anisotroper Plattenstreifen

Herausgegeben im Juni 1956
von der
Zentrale für Wissenschaftliches Berichtswesen
der
Deutschen Versuchsanstalt für Luftfahrt E.V. - Mülheim (Ruhr)

WESTDEUTSCHER VERLAG / KÖLN UND OPLADEN

ISBN 978-3-663-03081-2   ISBN 978-3-663-04270-9 (eBook)
DOI 10.1007/978-3-663-04270-9

Die Durchführung der vorliegenden Arbeit wurde durch Forschungsmittel ermöglicht, die dankenswerterweise das Bundesverkehrsministerium zur Verfügung gestellt hat.

ÜBER DIE BEULUNG ANISOTROPER PLATTENSTREIFEN

Übersicht

Die Beullasten anisotroper Plattenstreifen, die unter Druck- bzw. Schubbelastung stehen, werden mit Hilfe exakter Methoden ermittelt. Die Ergebnisse der Theorie werden in Diagrammen dargestellt, die die Beullasten in Abhängigkeit von den Steifigkeitskonstanten der Platte abzulesen gestatten. Die Diagramme werden auf die Ermittlung der Beullasten von Sperrholzstreifen und von schrägversteiften Plattenstreifen angewendet.

Gliederung

1. Einleitung . . . . S. 5
2. Einige Bemerkungen zur Elastizitätstheorie anisotroper Platten . . . . S. 7
3. Beultheorie anisotroper Plattenstreifen . . . . S. 28
4. Anwendungen der Ergebnisse der Beultheorie . . . . S. 44
5. Zusammenfassung . . . . S. 57
6. Literaturverzeichnis . . . . S. 58
7. Anhang . . . . S. 60
    7.1 Über die Grenzbeziehung zwischen den Kennwerten anisotroper Platten . . . . S. 60
    7.2 Zur Berechnung der Beullasten des anisotropen Plattenstreifens . . . . S. 66

Hamburg-Fuhlsbüttel, im Februar 1956

Institut für Festigkeit der Deutschen Versuchsanstalt für Luftfahrt E.V.

Der Institutsleiter
H. EBNER

Der Bearbeiter
W. THIELEMANN

1. Einleitung

Das Problem der Beulung anisotroper Platten unter der Wirkung von Kräften, die längs der Ränder der Platte angreifen, hat in den letzten Jahren durch die häufiger werdende Anwendung derartiger Platten größere praktische Bedeutung erlangt.

Beispiele anisotroper Platten von technischer Bedeutung sind versteifte Platten, Wellblechplatten, Sperrholzplatten und Kunststoffplatten mit einem im Kunststoff eingebetteten Fasernetz.

Die ersten Untersuchungen über die Stabilität anisotroper Platten gehen auf M.T. HUBER [1] zurück, der wohl zum ersten Mal die Beullast eines unter der Wirkung von Druckkräften stehenden Plattenstreifens mit orthogonaler Anisotropie - eines Sonderfalles der Anisotropie, bei welcher zwei senkrecht zueinander angeordnete Hauptsteifigkeitsachsen vorhanden sind - angegeben hat.

Die Stabilität des orthogonal-anisotropen Plattenstreifens unter reiner Schubkraftbelastung ist von St. BERGMANN - H. REISSNER [2] und E. SEYDEL [3] im Anschluß an die Untersuchung von R.V. SOUTHWELL und S.W. SKAN [4] über die Stabilität des isotropen Plattenstreifens mit exakten Methoden behandelt worden. Von R.C.T. SMITH [5] wurde dasselbe Problem näherungsweise mit Hilfe des Ritzschen Verfahrens untersucht.

Diese Arbeiten beschränken sich auf die Behandlung der Stabilität orthotroper Plattenstreifen, deren Hauptsteifigkeitsachsen parallel zu den Rändern des Streifens verlaufen.

Im Holzflugzeugbau ist seit längerem bekannt, daß durch schräge Anordnung der Hauptsteifigkeitsachsen orthotroper Platten zu den Rändern (allgemein-orthotrope Platte) in manchen Fällen ein wesentlicher Gewinn an Beulfestigkeit gegenüber Platten mit randparallel angeordneten Hauptsteifigkeitsachsen erzielt werden kann.

Auch im Stahlhochbau soll neuerdings nach einem Vorschlag von E. CHWALLA [6] dieser Vorteil dadurch ausgenutzt werden, daß Stegbleche von Biegeträgern mit eingewalzten Versteifungen oder Sicken versehen werden, die schräg zu den Stegblechrändern verlaufen.

Der Verfasser [7] hat die Stabilität des allgemein-orthotropen Plattenstreifens unter Wirkung reiner Druck- bzw. Schubkräfte mit Hilfe des

Rayleighschen Näherungsverfahrens untersucht und die Beullasten für eine Reihe von Sperrholzstreifen verschiedener Schichtzahl in Abhängigkeit vom Neigungswinkel der Sperrholzfaserrichtung gegen die Plattenränder ermittelt.

Etwa zur gleichen Zeit ist dasselbe Problem von A.E. GREEN und R.F.S. HEARMON [8] ebenfalls näherungsweise behandelt worden. Als Lösungsansatz für das durch Differentialgleichung und Randbedingungen gegebene Eigenwertproblem verwenden sie eine Fourierreihe mit unendlich vielen Gliedern. Die Auswertung der sich ergebenden unendlichen Knickdeterminanten wird näherungsweise auf zweireihige bzw. dreireihige Determinanten beschränkt. Die numerische Auswertung der Theorie ist im Falle reiner Schubbelastung allerdings nur für zwei Sperrholzplattenstreifen mit randparalleler Orthotropie durchgeführt worden.

Für reine Druckbelastung haben W. FREIBERGER, F.S. SHAW, J.P.O. SILBERSTEIN und R.C.T. SMITH [9] mit derselben Methode, die auch von GREEN-HEARMON verwendet wurde, die Beullasten eines dreischichtigen Sperrholzplattenstreifens, dessen Faserrichtung unter $22,5°$ und $45°$ gegen die Ränder angeordnet ist, errechnet.

F. DRÜCKLER [10] hat mit Hilfe des Galerkinschen Verfahrens die Beulung des allgemein-orthotropen gekrümmten Plattenstreifens unter reiner Schubbelastung untersucht. Für den in seine Untersuchung eingeschlossenen Sonderfall des ebenen allgemein-orthotropen Plattenstreifens führt das Galerkinsche Verfahren auf dieselbe Lösung wie das von GREEN-HEARMON verwendete Lösungsverfahren. Für diesen Sonderfall ermittelt DRÜCKLER numerisch die Beullasten einer dreischichtigen Sperrholzplatte, deren Faserrichtungen der Außenschicht unter $45°$ bzw. $135°$ gegen die Plattenränder bei gleichbleibender Schubrichtung angeordnet sind.

F. MÜLLER-MAGYARI [11] errechnete die Schubbeullasten einer dreischichtigen Sperrholzplatte mit Hilfe des Rayleighschen Verfahrens in Abhängigkeit von der Neigung der Faserrichtung zu den Plattenrändern. Die Methode ist mit der von [7] identisch.

Schließlich wies CHWALLA [6] auf eine noch nicht veröffentlichte Arbeit von CZERNY hin, die ebenfalls mit Hilfe eines auf der Energiemethode beruhenden Näherungsverfahrens die Stabilität der allgemein-orthotropen Platte behandelt. Diese Untersuchung soll im besonderen die Anwendung der Beultheorie auf den Stahlhochbau berücksichtigen.

Mit dem Auftreten des Pfeilflügels sind versteifte Platten im Flugzeugbau notwendig geworden, deren Versteifungen nicht mehr orthogonal, sondern unter einem schiefen Winkel zueinander angeordnet sind. Auch Sperrholzplatten können für besondere Zwecke aus Furnierschichten aufgebaut werden, deren Faserrichtungen schiefe Winkel zueinander bilden. Bei dem sogenannten Sternsperrholz sind die Faserrichtungen aufeinander folgender Furnierschichten derart angeordnet, daß sie etwa um $60°$ oder $45°$ gegeneinander gedreht sind.

Solche Platten besitzen eine allgemeinere Anisotropie als die in den oben angeführten Arbeiten untersuchten orthotropen Platten.

Die in der vorliegenden Arbeit mit exakten Methoden durchgeführte Stabilitätsuntersuchung gilt für Plattenstreifen beliebiger Anisotropie; sie schließt daher die eben angeführten Beispiele nicht-orthogonal anisotroper Plattenstreifen mit ein.

Die numerischen Auswertungen der in den oben zitierten Arbeiten behandelten Beultheorie allgemein-orthotroper Plattenstreifen betreffen wegen des mit der Auswertung im allgemeinen verbundenen großen Rechenaufwandes nur einige spezielle Beispiele - meist dreischichtige Sperrholzplatten vorgegebener Steifigkeit -, die auf andere Beispiele allgemein-orthotroper Platten nicht übertragen werden können.

Es ist daher in dieser Arbeit versucht worden, die Ergebnisse der exakten Beultheorie anisotroper Plattenstreifen in allgemeiner Form so darzustellen, daß die Beullasten bei bekannten Abmessungen und Steifigkeitskonstanten der Platte aus Diagrammen unmittelbar abgelesen werden können.

Diese Diagramme werden benutzt, um für einige Beispiele anisotroper Plattenstreifen die Beullasten zu ermitteln. So werden die Druck- und Schubbeullasten von Sperrholzstreifen verschiedener Schichtzahl in Abhängigkeit vom Neigungswinkel der Faserrichtung gegen die Plattenränder bestimmt. Für schräg versteifte Plattenstreifen werden für vorgegebene Abmessungen die Druckbeullasten ebenfalls in Abhängigkeit von der Neigung der Versteifungen gegen die Plattenränder ermittelt.

2. Einige Bemerkungen zur Elastizitätstheorie anisotroper Platten

Es erscheint notwendig, der Behandlung des Stabilitätsproblems anisotroper Platten einige Bemerkungen über deren Elastizitätstheorie vorauszuschicken.

Wegen der geringen Dicke der Platten genügt eine Beschränkung auf den zweidimensionalen Zustand. Die Deformationen der Platte werden als klein angenommen und die Gültigkeit eines linearisierten Elastizitätsgesetzes vorausgesetzt.

Es hat sich für die Stabilitätsuntersuchung anisotroper Plattenstreifen als zweckmäßig erwiesen, die Rechnung in einem schiefwinkligen Koordinatensystem durchzuführen. Es wird daher im folgenden auf die Transformation des Elastizitätsgesetzes der anisotropen Platte auf ein schiefwinkliges Koordinatensystem eingegangen.

Die elastischen Eigenschaften einer anisotropen Platte werden durch sechs Elastizitätskoeffizienten bestimmt. Aus diesen Elastizitätskoeffizienten können - in ähnlicher Weise wie von SEYDEL [3] ein Kennwert aus den vier die orthotrope Platte kennzeichnenden Elastizitätskoeffizienten gebildet wurde - vier Kennwerte der anisotropen Platte definiert werden. Es wird gezeigt, daß nicht jeder willkürlichen Kombination dieser vier Kennwerte eine anisotrope Platte zugeordnet werden kann.

Die Differentialgleichung der Biegefläche und die Randbedingungen der anisotropen Platte werden in rechtwinkligen und schiefwinkligen Koordinaten angegeben.

2.1 Das Elastizitätsgesetz und der Ausdruck für die Formänderungsarbeit der anisotropen Platte

Das linearisierte Elastizitätsgesetz, das den Zusammenhang zwischen den in einem rechtwinkligen Koordinatensystem $\bar{x}, \bar{y}$ gemessenen Spannungen und Verzerrungen einer dünnen homogenen anisotropen Platte beschreibt, kann in der Form angesetzt werden:

$$
(1) \quad \begin{aligned}
\sigma_{\bar{x}} &= a_{11}\,\varepsilon_{\bar{x}} + a_{12}\,\varepsilon_{\bar{y}} + a_{13}\,\gamma_{\bar{x}\bar{y}} \\
\sigma_{\bar{y}} &= a_{21}\,\varepsilon_{\bar{x}} + a_{22}\,\varepsilon_{\bar{y}} + a_{23}\,\gamma_{\bar{x}\bar{y}} \\
\tau_{\bar{x}\bar{y}} &= a_{31}\,\varepsilon_{\bar{x}} + a_{32}\,\varepsilon_{\bar{y}} + a_{33}\,\gamma_{\bar{x}\bar{y}}
\end{aligned}
$$

Die elastischen Eigenschaften der dünnen anisotropen Platte werden, da die Matrix der als Elastizitätskonstanten bezeichneten Koeffizienten a_{ik} des Systems (1) zur Hauptdiagonalen symmetrisch ist [1], von sechs Materialkonstanten bestimmt. Diese Größen müssen im allgemeinen durch

Versuche ermittelt werden. In Fällen, in denen die Platte nicht homogen, sondern aus Elementen isotropen oder auch orthogonal-anisotropen Materials aufgebaut ist (z.B. versteifte Platten aus isotropem Grundblech und einem System von engliegenden Versteifungen, Sperrholzplatten aus einzelnen orthotropen Holzschichten usw.), ist es möglich, die Elastizitätskonstanten a_{ik} der anisotropen Platte auch aus den bekannten elastischen Eigenschaften dieser Elemente rechnerisch zu ermitteln (siehe Abschnitt 4).

Das Elastizitätsgesetz läßt erkennen, daß in einer anisotropen Platte durch Dehnungen außer Längsspannungen auch Schubspannungen und durch Schiebungen neben Schubspannungen auch Längsspannungen hervorgerufen werden.

Die bei einer elastischen Verformung der Platte von einem Einheitsquader (Seitenlänge 1) aufgenommene Formänderungsenergie kann in folgender Weise geschrieben werden:

(2) $\quad \bar{\phi} = 1/2 \, (\sigma_{\bar{x}} \varepsilon_{\bar{x}} + \sigma_{\bar{y}} \varepsilon_{\bar{y}} + \tau_{\bar{x}\bar{y}} \cdot \gamma_{\bar{x}\bar{y}})$

Führt man (1) in (2) ein, so geht (2) in die in den Verzerrungen quadratische Form über:

(3) $\quad \bar{\phi} = 1/2 \left[a_{11} \varepsilon_{\bar{x}}^2 + (a_{12} + a_{21}) \varepsilon_{\bar{x}} \varepsilon_{\bar{y}} + (a_{13} + a_{31}) \varepsilon_{\bar{x}} \gamma_{\bar{x}\bar{y}} \right.$
$\left. + a_{22} \varepsilon_{\bar{y}}^2 + (a_{23} + a_{32}) \varepsilon_{\bar{y}} \gamma_{\bar{x}\bar{y}} + a_{33} \gamma_{\bar{x}\bar{y}}^2 \right]$

2.2 Transformation des Elastizitätsgesetzes und des Ausdruckes für die Formänderungsenergie

Es ist häufig zweckmäßig, das Elastizitätsgesetz und den Ausdruck für die Formänderungsenergie, die in (1) und (3) in Größen dargestellt sind, die auf das rechtwinklige Koordinatensystem $\bar{x}, \bar{y}$ bezogen sind, auch in Größen zu beschreiben, die auf ein anderes ebenfalls rechtwinkliges oder auch schiefwinkliges Koordinatensystem x, y bezogen sind.

Für den Übergang von dem Koordinatensystem $\bar{x}, \bar{y}$ auf das neue Koordinatensystem x, y gelten die linearen Transformationsformeln:

(4) $\quad\quad x = c_{11}\bar{x} + c_{12}\bar{y}$
$\quad\quad\quad y = c_{21}\bar{x} + c_{22}\bar{y}$

Das Elastizitätsgesetz in den neuen Koordinaten x, y kann dann gegenüber (1) formal unverändert dargestellt werden:

$$\sigma_x = b_{11}\,\epsilon_x + b_{12}\,\epsilon_y + b_{13}\,\gamma_{xy}$$

(5)
$$\sigma_y = b_{21}\,\epsilon_x + b_{22}\,\epsilon_y + b_{23}\,\gamma_{xy}$$

$$\tau_{xy} = b_{31}\,\epsilon_x + b_{32}\,\epsilon_y + b_{33}\,\gamma_{xy}$$

Die Beziehung (5) kennzeichnet jetzt den Zusammenhang der im neuen Koordinatensystem x, y gemessenen Spannungen und Verzerrungen der Platte. Die Koeffizienten a_{ik} des Elastizitätsgesetzes (1) gehen bei der Transformation auf das neue Koordinatensystem in die neuen Koeffizienten b_{ik} über. Auch der Ausdruck für die Formänderungsenergie kann formal wie (3) angesetzt werden:

(6)
$$\Phi = 1/2 \left[b_{11}\,\epsilon_x^2 + (b_{12}+b_{21})\,\epsilon_x\,\epsilon_y + (b_{13}+b_{31})\,\epsilon_x\,\gamma_{xy} \right.$$
$$\left. + b_{22}\,\epsilon_y^2 + (b_{23}+b_{32})\,\epsilon_y\,\gamma_{xy} + b_{33}\,\gamma_{xy}^2 \right]$$

Es ist jedoch zu beachten, daß beim Übergang auf ein schiefwinkliges Koordinatensystem Φ nicht mehr die Formänderungsenergie je Einheitsquader, sondern die Formänderungsenergie je Einheitsparallelepiped (mit den Seitenlängen 1) darstellt.

Das Volumen V des beim Übergang auf das neue Koordinatensystem x,y aus dem Einheitsquader mit dem Volumen $\bar{V} = 1$ entstehende Einheitsparallelepiped kann mit Hilfe der Determinanten der Matrix (c_{ik}) der Transformation (4) angegeben werden.

Es ist

(7)
$$V = \frac{1}{\begin{vmatrix} c_{11} & c_{12} \\ c_{21} & c_{22} \end{vmatrix}}$$

Da die in der Platte je Volumeneinheit (z.B. pro cm^3) aufgespeicherte Formänderungsenergie gegenüber einer Transformation invariant sein muß, muß zwischen den Ausdrücken $\bar{\Phi}$ und Φ die Beziehung bestehen:

(8)
$$\bar{\Phi} = \frac{\Phi}{V} = \Phi \cdot \begin{vmatrix} c_{11} & c_{12} \\ c_{21} & c_{22} \end{vmatrix}$$

Der Zusammenhang zwischen den Elastizitätskonstanten a_{ik} des Elastizitätsgesetzes (1) und den b_{ik} des Elastizitätsgesetzes (5) ergibt sich in folgender Weise:

Unterwirft man die quadratische Form (s. Gleichung (3))

(9)
$$\bar{\Phi} = 1/2 \left[a_{11} \varepsilon_{\bar{x}}^2 + (a_{12} + a_{21}) \varepsilon_{\bar{x}} \varepsilon_{\bar{y}} + (a_{13} + a_{31}) \varepsilon_{\bar{x}} \gamma_{\bar{x}\bar{y}} \right.$$
$$\left. + a_{22} \varepsilon_{\bar{y}}^2 + (a_{23} + a_{32}) \varepsilon_{\bar{y}} \gamma_{\bar{x}\bar{y}} + a_{33} \gamma_{\bar{x}\bar{y}}^2 \right]$$

mit den Veränderlichen $\varepsilon_{\bar{x}}$, $\varepsilon_{\bar{y}}$ und $\gamma_{\bar{x}\bar{y}}$ einer Transformation

(10)
$$\varepsilon_{\bar{x}} = c'_{11} \varepsilon_x + c'_{12} \varepsilon_y + c'_{13} \gamma_{xy}$$
$$\varepsilon_{\bar{y}} = c'_{21} \varepsilon_x + c'_{22} \varepsilon_y + c'_{23} \gamma_{xy}$$
$$\gamma_{\bar{x}\bar{y}} = c'_{31} \varepsilon_x + c'_{32} \varepsilon_y + c'_{33} \gamma_{xy} \quad \text{1)}$$

so folgt die Form $\bar{\Phi}$ in den neuen Veränderlichen als

(11)
$$\bar{\Phi} = 1/2 \left[b'_{11} \varepsilon_x^2 + (b'_{12} + b'_{21}) \varepsilon_x \varepsilon_y + (b'_{13} + b'_{31}) \varepsilon_x \gamma_{xy} \right.$$
$$\left. + b'_{22} \varepsilon_y^2 + (b'_{23} + b'_{32}) \varepsilon_y \gamma_{xy} + b'_{33} \gamma_{xy}^2 \right]$$

mit

(12)
$$b'_{ik} = a_{11} c'_{1i} c'_{1k} + \ldots\ldots + a_{13} c'_{1i} c'_{3k}$$
$$+ \ldots\ldots + \ldots\ldots + \ldots\ldots$$
$$+ a_{31} c'_{3i} c'_{1k} + \ldots\ldots + a_{33} c'_{3i} c'_{3k}$$
$$i = 1, 2, 3$$
$$k = 1, 2, 3$$

Führt man die Gleichung (8) in Gleichung (11) ein, so ergibt ein Koeffizientenvergleich mit Gleichung (6) die Koeffizienten im neuen Koordinatensystem zu

(13)
$$b_{ik} = \frac{b'_{ik}}{\begin{vmatrix} c_{11} & c_{12} \\ c_{21} & c_{22} \end{vmatrix}} .$$

Die Transformationsmatrix (c'_{ik}) der Transformation (10) der Verzerrungen hängt ihrerseits mit den Elementen c_{ik} der Transformationsmatrix (c_{ik}) der Koordinatentransformation in folgender Weise zusammen [12]:

---

1. Zur Definition der Verzerrungen in einem schiefwinkligen Koordinatensystem siehe [12]

$$
(14) \qquad (c'_{ik}) = \begin{pmatrix} c_{11}^2 & c_{21}^2 & c_{11}c_{21} \\ c_{12}^2 & c_{22}^2 & c_{12}c_{22} \\ 2\,c_{12}c_{11} & 2\,c_{21}c_{22} & c_{11}c_{22} + c_{12}c_{21} \end{pmatrix}
$$

Verschwinden beim Übergang auf ein neues Koordinatensystem x, y die Elastizitätskoeffizienten b_{13} und b_{23}, so bezeichnet man die Richtungen dieses Koordinatensystems als die Hauptsteifigkeitsachsen der anisotropen Platte.

2.3 Transformation der Elastizitätskoeffizienten bei Drehung des Koordinatensystems

Für eine Drehung des Koordinatensystems $\bar{x}, \bar{y}$ um den Winkel ω (Abb. 1) gelten die Transformationsformeln:

$$
(15) \qquad \begin{aligned} x &= \bar{x} \cos \omega - \bar{y} \sin \omega \\ y &= \bar{x} \sin \omega + \bar{y} \cos \omega \end{aligned}
$$

Die Determinante der Matrix der Koeffizienten (c'_{ik}) hat den Wert 1.

Die Matrix (c'_{ik}) der Koeffizienten der Transformation der Verzerrungen (1o) kann mit Hilfe von (14) ermittelt werden. Es ergibt sich:

$$
(16) \qquad (c'_{ik}) = \begin{pmatrix} \cos^2\omega & \sin^2\omega & \sin\omega \cos\omega \\ \sin^2\omega & \cos^2\omega & -\sin\omega \cos\omega \\ -2\sin\omega \cos\omega & 2\sin\omega \cos\omega & \cos^2\omega - \sin^2\omega \end{pmatrix}
$$

Durch Einsetzen der Koeffizienten c'_{ik} der Matrix (16) in die Beziehungen (12) bzw. (13) folgen die neuen Elastizitätskoeffizienten b_{ik} in der Form:

$$
\begin{aligned}
b_{11} &= a_{11} \cos^4\omega - 4a_{13} \cos^3\omega \sin\omega + 2(a_{12}+2a_{33}) \cos^2\omega \sin^2\omega \\
&\quad - 4a_{23} \cos\omega \sin^3\omega + a_{22} \sin^4\omega
\end{aligned}
$$

$$
(17) \quad \begin{aligned}
b_{22} &= a_{11} \sin^4\omega + 4a_{13} \sin^3\omega \cos\omega + 2(a_{12}+2a_{33}) \sin^2\omega \cos^2\omega \\
&\quad + 4a_{23} \sin\omega \cos^3\omega + a_{22} \cos^4\omega
\end{aligned}
$$

$$
\begin{aligned}
b_{12} = b_{21} &= (a_{11}+a_{22}-4a_{33}) \sin^2\omega \cos^2\omega + a_{12}(\sin^4\omega + \cos^4\omega) \\
&\quad + 2(a_{13}-a_{23})\sin\omega \cos\omega (\cos^2\omega - \sin^2\omega)
\end{aligned}
$$

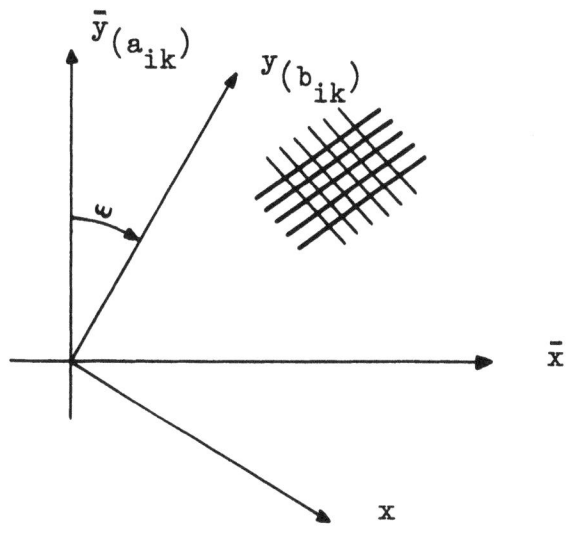

A b b i l d u n g   1
Anisotrope Platte

$$b_{33} = (a_{11}+ a_{22}-2a_{12}) \sin^2\omega \cos^2\omega + a_{33}(\cos^2\omega - \sin^2\omega)^2$$
$$+ 2(a_{13}-a_{23}) \sin\omega \cos\omega (\cos^2\omega - \sin^2\omega)$$

(17) $\quad b_{13} = b_{31} = \left[a_{11} \cos^2\omega - a_{22} \sin^2\omega - (a_{12}+2a_{33})(\cos^2\omega-\sin^2\omega)\right]\sin\omega \cos\omega$
$$+ a_{13} \cos^2\omega (1-4\sin^2\omega) - a_{23} \sin^2\omega (1-4\cos^2\omega)$$

$$b_{23} = b_{32} = \left[a_{11} \sin^2\omega - a_{22} \cos^2\omega + (a_{12}+2a_{33})(\cos^2\omega-\sin^2\omega)\right]\sin\omega \cos\omega$$
$$- a_{13} \sin^2\omega (1-4\cos^2\omega) + a_{23} \cos^2\omega (1-4\sin^2\omega)$$

Man erkennt, daß auch im neuen Koordinatensystem die Beziehung

$$b_{ik} = b_{ki}$$

gilt.

Für eine Platte mit <u>orthogonaler</u> Anisotropie verschwinden bei geeigneter Drehung $\omega = \omega^*$ des Koordinatensystems die Koeffizienten b_{13} und b_{23}. Die Achsen dieses ausgezeichneten Koordinatensystems können daher als die Hauptsteifigkeitsachsen der orthotropen Platte bezeichnet werden.

Bezeichnet man das ausgezeichnete orthogonale Hauptsteifigkeitsachsensystem der orthotropen Platte mit x^*, y^* und nennt man die für diese Hauptsteifigkeitsachsen geltenden Elastizitätskoeffizienten $b_{ik} = a_{ik}^*$,

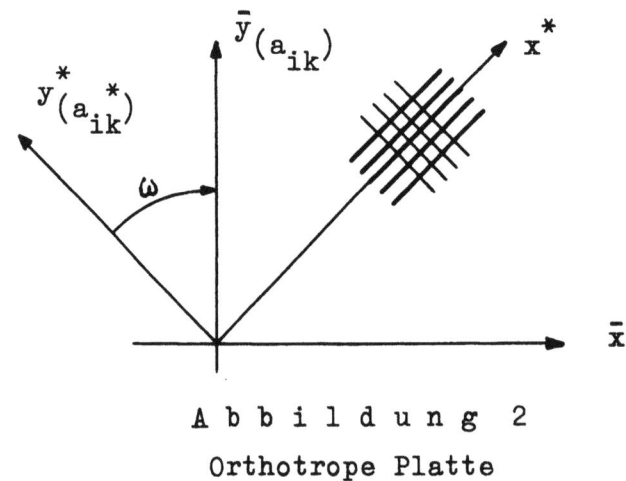

Abbildung 2
Orthotrope Platte

so erscheint das Elastizitätsgesetz der orthotropen Platte in der vereinfachten Form:

(18)
$$\sigma_{x^*} = a_{11}^* \varepsilon_x + a_{12}^* \varepsilon_y$$
$$\sigma_{y^*} = a_{21}^* \varepsilon_x + a_{22}^* \varepsilon_y$$
$$\tau_{x^* y^*} = a_{33}^* \tau_{x y}$$

Zählt man jetzt ω vom Hauptsteifigkeitsachsensystem aus (s. Abb. 2), so lassen sich die Elastizitätskoeffizienten a_{ik}, die für das um ω gegen das Hauptachsensystem x^*, y^* gedrehte Koordinatensystem $\bar{x}$, $\bar{y}$ gelten, durch diesen Winkel und die <u>vier</u> Hauptsteifigkeitskoeffizienten a_{ik}^* ausdrücken. Für die Elastizitätskoeffizienten a_{ik} gelten dann die Transformationsgleichungen:

(19)
$$a_{11} = a_{11}^* \cos^4\omega + 2(a_{12}^* + 2a_{33}^*) \cos^2\omega \sin^2\omega + a_{22}^* \sin^4\omega$$
$$a_{22} = a_{11}^* \sin^4\omega + 2(a_{12}^* + 2a_{33}^*) \cos^2\omega \sin^2\omega + a_{22}^* \cos^4\omega$$
$$a_{12} = a_{21} = (a_{11}^* + a_{22}^* - 4a_{33}^*) \sin^2\omega \cos^2\omega + a_{12}^* (\sin^4\omega + \cos^4\omega)$$
$$a_{33} = (a_{11}^* + a_{22}^* - 2a_{12}^*) \sin^2\omega \cos^2\omega + a_{33}^* (\cos^2\omega - \sin^2\omega)^2$$
$$a_{13} = a_{31} = \left[a_{11}^* \cos^2\omega - a_{22}^* \sin^2\omega + (a_{12}^* + 2a_{33}^*)(\cos^2\omega - \sin^2\omega)\right] \cdot \sin\omega \cos\omega$$
$$a_{23} = a_{32} = \left[a_{11}^* \sin^2\omega - a_{22}^* \cos^2\omega + (a_{12}^* + 2a_{33}^*)(\cos^2\omega - \sin^2\omega)\right] \cdot \sin\omega \cos\omega,$$

die für den wichtigen Sonderfall $\omega = 45°$ bzw. $135°$ die einfache Form:

(19a)
$$a_{11} = a_{22} = \frac{1}{4}\left[a_{11}^* + 2(a_{12}^* + 2a_{33}^*) + a_{22}^*\right]$$

$$a_{33} = \frac{1}{4}\left[a_{11}^* + a_{22}^* - 2a_{12}^*\right]$$

$$a_{12} = a_{21} = \frac{1}{4}\left[a_{11}^* + a_{22}^* - 4a_{33}^* + 2a_{12}^*\right]$$

$$a_{13} = a_{31} = a_{23} = a_{32} = \pm\frac{1}{4}\left[a_{11}^* - a_{22}^*\right]$$

$$a_{12} + 2a_{33} = \frac{1}{4}\left[3(a_{11}^* + a_{22}^*) - 2(a_{12}^* + 2a_{33}^*)\right]$$

annehmen.

Die elastischen Eigenschaften der orthotropen Platte sind also durch die vier Hauptsteifigkeitswerte a_{11}^*, a_{22}^*, a_{12}^* und a_{33}^* vollständig bestimmt.

In Abbildung 13 sind die Koeffizienten a_{ik} für einige orthotrope Platten (mehrschichtige Sperrholzplatten gleicher Schichtstärke) in Abhängigkeit vom Transformationswinkel ω dargestellt. Man erkennt, daß für die Hauptsteifigkeitsachsen ($\omega = 0°, 90°$) die Elastizitätskoeffizienten a_{13} und a_{23} verschwinden.

2.4 Transformation der Elastizitätskoeffizienten beim Übergang auf ein schiefwinkliges Koordinatensystem

Für den Übergang vom rechtwinkligen Koordinatensystem $\bar{x}$, $\bar{y}$ auf das schiefwinklige Koordinatensystem (s. Abb. 3) gelten die Transformationsbeziehungen

(20) $$x = \bar{x} - \bar{y} \cdot \mathrm{tg}\,\varphi \; ; \quad y = \frac{\bar{y}}{\cos\varphi}$$

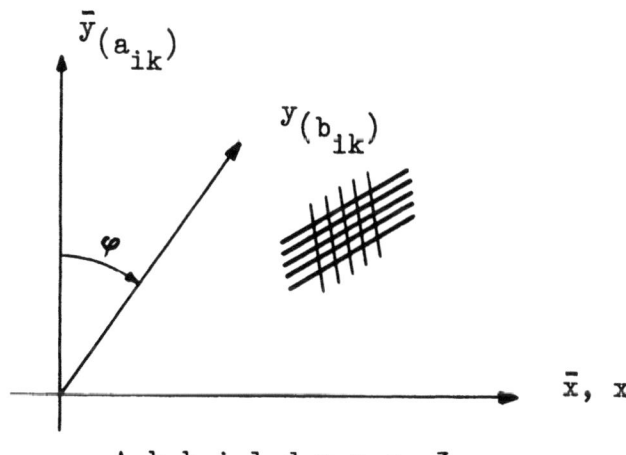

Abbildung 3
Anisotrope Platte

Die Determinante der Matrix der Koeffizienten (c_{ik}) hat in diesem Fall den Wert

(21) $$|c_{ik}| = \frac{1}{\cos \varphi}$$

Aus (14) kann die Matrix (c'_{ik}) der Koeffizienten der Transformation der Verzerrungen (1o) bestimmt werden. Sie hat die Form:

(22) $$(c'_{ik}) = \begin{pmatrix} 1 & 0 & 0 \\ tg^2\varphi & \frac{1}{\cos^2\varphi} & -\frac{tg\varphi}{\cos\varphi} \\ -2\,tg\,\varphi & 0 & \frac{1}{\cos\varphi} \end{pmatrix}$$

Durch Einsetzen der Koeffizienten c'_{ik} von (22) in (12) und unter Beachtung von (13) folgt für die Elastizitätskoeffizienten b_{ik} im neuen Koordinatensystem x, y:

(23)
$$b_{11} = \cos\varphi \left[a_{11} - 4a_{13}tg\,\varphi + 2(a_{12}+2a_{33})tg^2\varphi - 4a_{23}tg^3\varphi + a_{22}tg^4\varphi \right]$$

$$b_{13} = b_{31} = \left[a_{13} - (a_{12}+2a_{33})tg\,\varphi + 3a_{23}tg^2\varphi - a_{22}tg^3\varphi \right]$$

$$b_{12} = b_{21} = \frac{1}{\cos\varphi} \left[a_{12} - 2a_{23}tg\,\varphi + a_{22}tg^2\varphi \right]$$

$$b_{33} = \frac{1}{\cos\varphi} \left[a_{33} - 2a_{23}tg\,\varphi + a_{22}tg^2\varphi \right]$$

$$b_{23} = b_{32} = \frac{1}{\cos^2\varphi} \left[a_{23} - a_{22}tg\,\varphi \right]$$

$$b_{22} = \frac{1}{\cos^3\varphi} \left[a_{22} \right]$$

Es sei noch die Kombination der Koeffizienten $b_{12} + 2\,b_{33}$, die in der folgenden Untersuchung häufig auftritt, angegeben:

$$b_{12} + 2\,b_{33} = \frac{1}{\cos\varphi} \left[(a_{12} + 2a_{33}) - 6a_{23}\,tg\,\varphi + 3a_{22}\,tg^2\varphi \right]$$

Auch beim Übergang auf ein schiefwinkliges Koordinatensystem bleibt die Matrix der b_{ik} symmetrisch zur Hauptdiagonalen.

Für den speziellen Fall einer isotropen Platte ($a_{11} = a_{22}$; $a_{13} = a_{23} = 0$; $a_{12} + 2\,a_{33} = a_{11}$) nehmen die Koeffizienten b_{ik} die bekannte Form an [13]:

(24)
$$b_{11} = \frac{a_{11}}{\cos^3\varphi}$$

$$b_{13} = -a_{11}\frac{\sin\varphi}{\cos^3\varphi}$$

$$b_{12} = \frac{a_{11}\sin^2\varphi + a_{12}\cos^2\varphi}{\cos^3\varphi}$$

$$b_{33} = \frac{a_{11}(1+\sin^2\varphi) - a_{12}\cos^2\varphi}{2\cos^3\varphi}$$

$$b_{23} = -a_{11}\frac{\sin\varphi}{\cos^3\varphi}$$

$$b_{22} = \frac{a_{11}}{\cos^3\varphi}$$

und

$$b_{12} + 2b_{33} = \frac{a_{11}(1+2\sin^2\varphi)}{\cos^3\varphi}$$

Aus (23) ist zu erkennen, daß für den ausgezeichneten Transformationswinkel

(25) $$\varphi^* = \text{arc tg}\,\frac{a_{23}}{a_{22}}$$

der Koeffizient b_{23} der anisotropen Platte im neuen Koordinatensystem x, y zum Verschwinden gebracht werden kann. Diese Tatsache kann für die Behandlung von Plattenproblemen von Bedeutung sein, da durch die spezielle Koordinatentransformation (25) die Zahl der in die Untersuchung eingehenden Elastizitätskoeffizienten b_{ik} von sechs auf fünf reduziert wird. Die fünf Koeffizienten b_{ik}^* dieser speziellen Transformation hängen mit den sechs Koeffizienten a_{ik} des rechtwinkligen Koordinatensystems $\bar{x}, \bar{y}$ in folgender Weise zusammen:

(26)
$$b_{11}^* = \cos\varphi^*\left[a_{11} - \frac{4a_{13}a_{23}}{a_{22}} + 2(a_{12}+2a_{33})\left(\frac{a_{23}}{a_{22}}\right)^2 - 3a_{23}\left(\frac{a_{23}}{a_{22}}\right)^3\right]$$

$$b_{13}^* = b_{31}^* = \left[a_{13} - (a_{12}+2a_{33})\frac{a_{23}}{a_{22}} + 2a_{23}\left(\frac{a_{23}}{a_{22}}\right)^2\right]$$

$$b_{12}^* = b_{21}^* = \frac{1}{\cos\varphi^*}\left[a_{12} - a_{23}\frac{a_{23}}{a_{22}}\right]$$

$$b^*_{33} = \frac{1}{\cos\varphi^*}\left[a_{33} - a_{23}\frac{a_{23}}{a_{22}}\right]$$

(26) $$b^*_{23} = 0$$

$$b^*_{22} = \frac{1}{\cos^3\varphi^*} a_{22}$$

und

$$b^*_{12} + 2b^*_{33} = \frac{1}{\cos\varphi^*}\left[(a_{12} + 2a_{33}) - 3a_{23}\frac{a_{23}}{a_{22}}\right]$$

(Der Index * bei φ und b_{ik} in (26) deutet an, daß hier die Transformation mit dem speziellen Transformationswinkel $\varphi = \text{arc tg}\frac{a_{23}}{a_{22}}$ vorgenommen ist.)

2.5 Kennwerte der anisotropen Platte

Wie oben gezeigt wurde, werden die elastischen Eigenschaften einer beliebig-anisotropen Platte durch sechs Elastizitätskoeffizienten a_{ik} bzw. b_{ik} festgelegt. Es hat sich für die Untersuchung von Festigkeitsproblemen anisotroper Platten als zweckmäßig erwiesen, aus den sechs Koeffizienten vier Verhältniszahlen zu bilden, die an Stelle der Elastizitätskoeffizienten in die Untersuchung eingehen.

In der Elastizitätstheorie isotroper Medien ist eine derartige Verhältniszahl schon seit langem bekannt: die Poissonsche Zahl ν, die das Verhältnis der Elastizitätskonstanten der Querdehnung zur Elastizitätskonstanten der Längsdehnung angibt.

Es ist naheliegend, in der Elastizitätstheorie anisotroper Platten eine entsprechende Zahl

(27) $$\nu = \frac{a_{12}}{\sqrt{a_{11}a_{22}}}$$

zu verwenden.

Eine zweite Verhältniszahl ist von SEYDEL [3] in die Theorie der orthotropen Platte eingeführt worden; in ihr werden die vier Elastizitätskoeffizienten der orthotropen Platte in einer Zahl zusammengefaßt:

(28) $$\vartheta = \frac{a_{12} + 2a_{33}}{\sqrt{a_{11}a_{22}}}$$

Diese Zahl kann in unveränderter Form auch in die Theorie der anisotropen Platte übernommen werden.

Mit Hilfe der beiden Koeffizienten a_{13} und a_{23}, die für die beliebig-anisotrope Platte charakteristisch sind, werden zwei weitere Verhältniszahlen gebildet:

(29) $\quad \varepsilon_1 = \dfrac{a_{13}}{\sqrt[4]{a_{11}^3 \, a_{22}}} \quad$ und $\quad \varepsilon_2 = \dfrac{a_{23}}{\sqrt[4]{a_{11} \, a_{22}^3}}$

Diese vier Verhältniszahlen $\nu, \vartheta, \varepsilon_1$ und ε_2 können zur Kennzeichnung der elastischen Eigenschaften der anisotropen Platte verwendet werden; sie seien daher als "Kennwerte" dieser Platte bezeichnet.

Beim Übergang auf ein neues rechtwinkliges oder schiefwinkliges Koordinatensystem können mit den neuen Koeffizienten b_{ik} entsprechende Kennwerte gebildet werden, die mit $\nu', \vartheta', \varepsilon_1'$ und ε_2' bezeichnet werden sollen:

(30) $\quad \nu' = \dfrac{b_{12}}{\sqrt{b_{11} b_{22}}} \, ; \quad \vartheta' = \dfrac{b_{12} + 2 b_{33}}{\sqrt{b_{11} b_{22}}} ; \quad \varepsilon_1' = \dfrac{b_{13}}{\sqrt[4]{b_{11}^3 \, b_{22}}} ; \quad \varepsilon_2' = \dfrac{b_{23}}{\sqrt[4]{b_{11} \, b_{22}^3}}$

Beim Übergang auf ein schiefwinkliges Koordinatensystem mit der speziellen Transformation (25) verschwindet b_{23} und damit auch ε_2'. Die vier Kennwerte $\nu, \vartheta, \varepsilon_1$ und ε_2 der anisotropen Platte transformieren sich in diesem Fall auf nur drei Kennwerte ν^*, ϑ^* und ε_1^*, die mit den Kennwerten des rechtwinkligen Ausgangssystems in folgender Beziehung stehen:

$$\nu^* = \dfrac{b_{12}^*}{\sqrt{b_{11}^* b_{22}^*}} = \dfrac{\nu - \varepsilon_2^2}{(1 - 4 \varepsilon_1 \varepsilon_2 + 2 \vartheta \varepsilon_2^2 - 3 \varepsilon_2^4)^{1/2}}$$

(31) $\quad \vartheta^* = \dfrac{b_{12}^* + 2 b_{33}^*}{\sqrt{b_{11}^* b_{22}^*}} = \dfrac{\vartheta - 3 \varepsilon_2^2}{(1 - 4 \varepsilon_1 \varepsilon_2 + 2 \vartheta \varepsilon_2^2 - 3 \varepsilon_2^4)^{1/2}}$

$$\varepsilon_1^* = \dfrac{b_{13}^*}{\sqrt[4]{b_{11}^{*3} \, b_{22}^*}} = \dfrac{\varepsilon_1 - \vartheta \varepsilon_2 + 2 \varepsilon_2^3}{(1 - 4 \varepsilon_1 \varepsilon_2 + 2 \vartheta \varepsilon_2^2 - 3 \varepsilon_2^4)^{3/4}}$$

2.6 Grenzbeziehung zwischen den Kennwerten

Jeder vorgegebenen anisotropen Platte ist eine Kombination von vier Kennwerten zugeordnet. Es ist jedoch nicht möglich, umgekehrt jeder beliebigen Kombination von vier Kennwerten eine anisotrope Platte zuzuordnen. Es läßt sich zeigen, daß die Kombinationen der Kennwerte jeder denkbaren in der Natur vorkommenden anisotropen Platte innerhalb eines begrenzten Bereiches liegen müssen. Für Kombinationen von Kennwerten außerhalb dieses Bereiches wäre die zugehörige anisotrope Platte nicht in einem eindeutigen stabilen Gleichgewichtszustand, d.h. sie kann nicht existieren. Der begrenzte Bereich soll als "Existenzbereich der anisotropen Platten" bezeichnet werden.

Die Stabilität des eindeutigen Gleichgewichtszustandes eines elastischen Körpers wird bekanntlich [14] dadurch gewährleistet, daß die Formänderungsenergie $\bar{\Phi}$ eine positive quadratische Form der Verzerrungen ist.

Die Bedingung aber dafür, daß - welchen Wert die Verzerrungen auch annehmen - $\bar{\Phi}$ eine positive quadratische Form ist, lautet: Keine der Hauptabschnittsdeterminanten ihrer Matrix darf einen negativen Zahlenwert annehmen [15].

Die Hauptabschnittsdeterminanten der Matrix der Koeffizienten a_{ik} der quadratischen Form $\bar{\Phi}$ (siehe Gleichung (3))

$$(32) \qquad (a_{ik}) = \begin{pmatrix} a_{11} & a_{12} & a_{13} \\ a_{12} & a_{22} & a_{23} \\ a_{13} & a_{23} & a_{33} \end{pmatrix},$$

deren Elemente in der Matrix gekennzeichnet sind, müssen die oben genannte Bedingung erfüllen, d.h. es muß sein:

$$(33) \qquad a_{11} \geqq 0 \;;\quad \begin{vmatrix} a_{11} & a_{12} \\ a_{12} & a_{22} \end{vmatrix} \geq 0 \;;\quad \begin{vmatrix} a_{11} & a_{12} & a_{13} \\ a_{12} & a_{22} & a_{23} \\ a_{13} & a_{23} & a_{33} \end{vmatrix} \geq 0$$

Diese Bedingungen schließen gleichzeitig folgende weitere Bedingungen ein:

$$(34) \qquad a_{22} \geq 0 \;;\quad a_{33} \geq 0 \;;\quad \begin{vmatrix} a_{22} & a_{23} \\ a_{23} & a_{33} \end{vmatrix} \geq 0 \;;\quad \begin{vmatrix} a_{11} & a_{13} \\ a_{13} & a_{33} \end{vmatrix} \geq 0$$

Führt man in die Determinanten der Bedingungen (33) und (34) die in Abschnitt 2.5 definierten Kennzahlen ν, ϑ, ε_1 und ε_2 ein und entwickelt man die Determinanten, so erscheinen sie in der Form:

(35) $\Delta_2 = 1 - \nu^2 \geq 0; \quad \Delta_3 = \frac{\vartheta - \nu}{2}(1-\nu^2) - \varepsilon_1^2 - \varepsilon_2^2 + 2\nu\varepsilon_1\varepsilon_2 \geq 0$

und

(36) $\quad\quad \frac{\vartheta - \nu}{2} - \varepsilon_1^2 \geq 0; \quad \frac{\vartheta - \nu}{2} - \varepsilon_2^2 \geq 0;$

Die Erfüllung der Bedingungen (33) bzw. (35) ist - neben der Forderung, daß die Elastizitätskoeffizienten a_{11}, a_{22} und a_{33} keine negativen Werte annehmen dürfen - Voraussetzung für die Existenz einer anisotropen Platte.

Für die isotrope Platte reduziert sich (35) auf die Bedingung

$$1 - \nu^2 \geq 0,$$

woraus folgt, daß der Kennwert ν innerhalb der Grenzen $\nu = +1$ und $\nu = -1$ liegen muß [2].

Die Grenzbedingung $\Delta_3 = 0$ begrenzt den Existenzbereich der anisotropen Platten. Sie stellt eine Grenzbeziehung zwischen den vier Kennwerten dar. Faßt man ν als Parameter auf, so stellt sich der Existenzbereich als ein von einer Grenzfläche umschlossener Raum in den Koordinaten ϑ, ε_1 und ε_2 dar.

Eine ausführliche Diskussion der Bedingungen (35) ist im Anhang durchgeführt.

Eine einfachere Darstellung des Existenzbereiches der anisotropen Platten - nämlich als eine von einer Grenzkurve umschlossenen Fläche - ist durch den Übergang auf das schiefwinklige Koordinatensystem mit der speziellen Transformation (25) möglich.

---

[2]. Für einen isotropen Körper (dreidimensionales Problem) führt eine entsprechende Überlegung auf die Bedingungen

$$a_{11} \geq 0; \quad \begin{vmatrix} a_{11} & a_{12} \\ a_{12} & a_{11} \end{vmatrix} \geq 0; \quad \begin{vmatrix} a_{11} & a_{12} & a_{12} \\ a_{12} & a_{11} & a_{12} \\ a_{12} & a_{12} & a_{11} \end{vmatrix} \geq 0;$$

bzw.

$$(1 - \nu^2) \geq 0 \quad (1 + 2\nu)(1 - \nu)^2 \geq 0$$

Daraus ergeben sich als Grenzen für ν

$$\nu = +1 \quad \text{und} \quad \nu = -0,5.$$

Die Verschiedenheit der Grenzen von ν beim zweidimensionalen und beim dreidimensionalen Problem ist durch die vereinfachenden Annahmen über den Deformationszustand in dünnen Platten bedingt.

Beim Übergang auf ein neues Koordinatensystem x, y bleiben die im rechtwinkligen Koordinatensystem $\bar{x}, \bar{y}$ abgeleiteten Grenzbedingungen (35) formal unverändert, da die Herleitung der Bedingungen auch aus der im Koordinatensystem x, y angeschriebenen Formänderungsenergie Φ erfolgen kann, die sich von $\bar{\Phi}$ nur um einen konstanten Faktor (siehe Gleichung (8)) unterscheidet. Es erscheinen dann in den Gleichungen (35) an Stelle der Kennwerte ν, ϑ, ε_1 und ε_2, die mit den Koeffizienten b_{ik} gebildeten Kennwerte ν', ϑ', ε_1' und ε_2' (siehe Gleichung (30)).

Geht man auf ein schiefwinkliges Koordinatensystem mit der speziellen Transformation (25) über, so verschwindet ε_2^* und die Bedingungen (35) erscheinen in der vereinfachten Form:

(37) $\quad \Delta_2^* = (1 - \nu^{*2}) \geqq 0; \quad \Delta_3^* = \frac{\nu^* - \vartheta^*}{2}(1 - \nu^{*2}) - \varepsilon_1^{*2} \geqq 0$

Den Zusammenhang der vier Kennwerte ν, ϑ, ε_1 und ε_2 mit den drei Kennwerten des neuen Systems geben die Gleichungen (31).

Faßt man wieder ν^* als Parameter auf, so stellt $\Delta_3^* = 0$ - bei Beachtung von $|\nu^*| \leq 1$ - eine Schar von Parabeln in den Koordinaten ϑ^* und ε_1^* dar. Sie ist in Abbildung 4 dargestellt. Man erkennt, daß die Parabeln von einer gemeinsamen Hüllkurve umschlossen sind.

Die Fläche, die von dieser Hüllkurve umschlossen wird, enthält die Kombinationen der Kennwerte ν^*, ϑ^* und ε_1^* aller denkbaren anisotropen Platten. Kombinationen von Kennwerten, die außerhalb der Hüllkurve liegen, kann keine anisotrope Platte zugeordnet werden; sie wäre in einem instabilen Gleichgewichtszustand. Die isotrope Platte ist durch den Punkt $\vartheta^* = 1$ gekennzeichnet; die mit den Elastizitätskonstanten des Hauptsteifigkeitsachsensystems ermittelten Kennwerte der orthotropen Platten erfüllen die ϑ^*-Achse.

Die Grenzbeziehung zwischen den Kennwerten kann in analytischer Form angegeben werden: Die Gleichung der Hüllkurve der Parabelschar folgt durch Nullsetzen der Ableitung der Funktion $\Delta_3^*(\nu^*, \vartheta^*, \varepsilon_1^*) = 0$ nach ν^*. Aus dieser Bedingung ergibt sich:

(38) $\quad\quad\quad \nu^* = 1/3 \left(\vartheta^* \pm \sqrt{3 + \vartheta^{*2}} \right); \quad |\nu^*| \leq 1$

Führt man (38) in $\Delta_3^* = 0$ ein, so folgt als Gleichung der Hüllkurve:

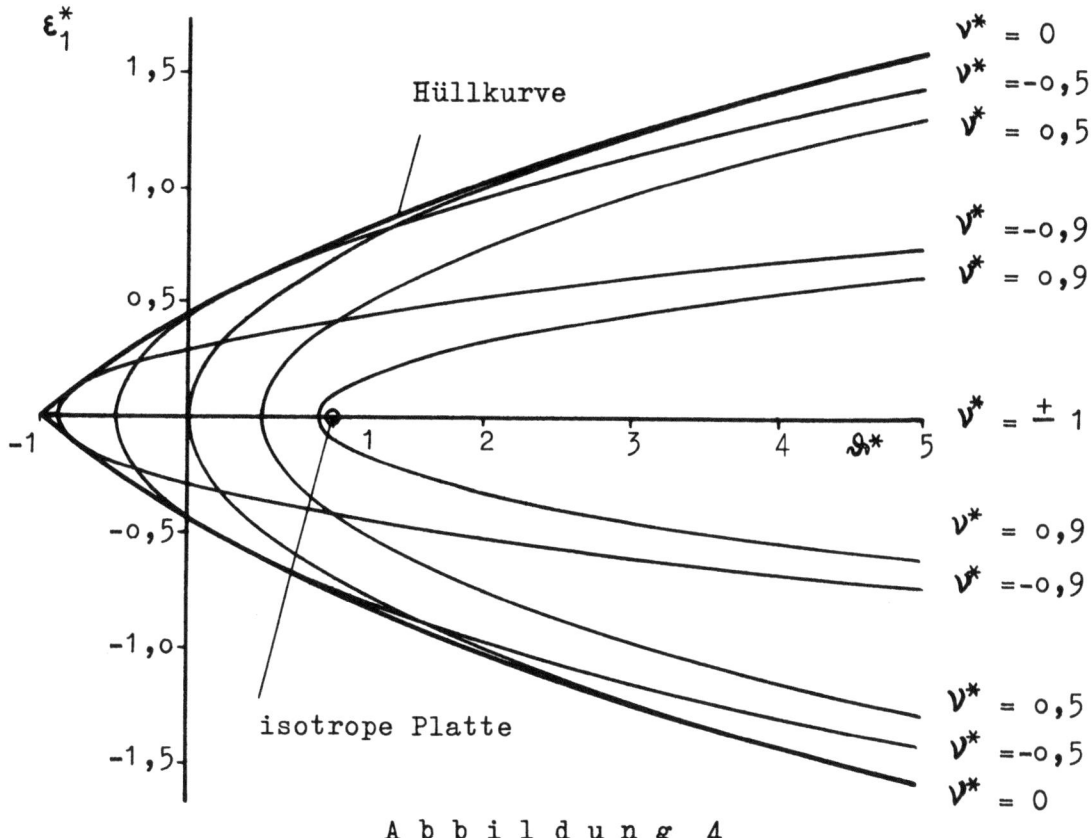

Abbildung 4
Existenzbereich anisotroper Platten

(39) $\quad f(\vartheta^*, \varepsilon_1^*) = 27\,\varepsilon_1^{*4} - 2\vartheta^*(9 - \vartheta^{*2})\,\varepsilon_1^{*2} - (1 - \vartheta^{*2})^2 = 0$

Diese in ε_1^{*2} quadratische Gleichung hat zwei Lösungen, von denen jedoch nur die Lösung

(40) $\quad f_1(\vartheta^*, \varepsilon_1^*) = \varepsilon_1^{*2} - 1/27\left[\vartheta^*(9 - \vartheta^{*2}) + (3 + \vartheta^{*2})^{3/2}\right] = 0$

reelle Werte für ε_1^* ergibt. (40) ist die Gleichung der in Abbildung 4 dargestellten Hüllkurve.

Die Bedingung $|\nu^*| \leq 1$ ist im ganzen von der Grenzkurve (40) umschlossenen Gebiet erfüllt.

2.7 Die Biegung anisotroper Platten

In Abbildung 5 a sind die an einem rechtwinkligen Element der anisotropen Platte wirksamen Schnittkräfte und Schnittmomente (pro Längeneinheit) dargestellt. p ist die pro Flächeneinheit senkrecht zur Platte wirkende äußere Belastung.

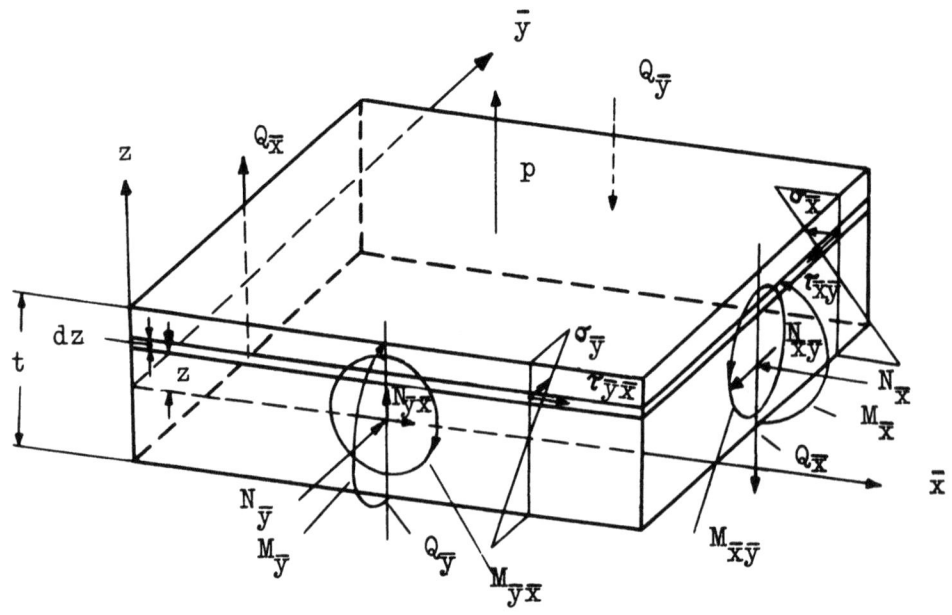

a) Schnittkräfte am Plattenelement der Dicke t

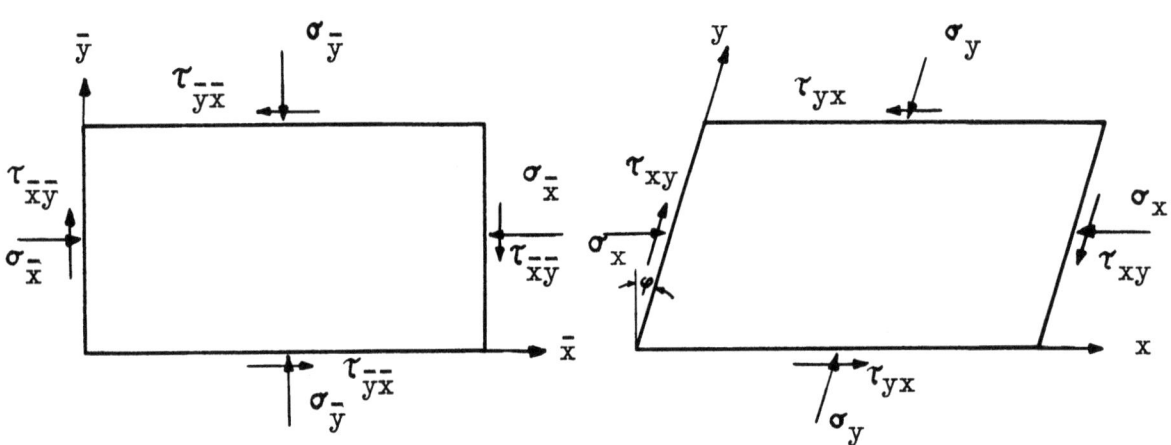

b) Biegespannungen im rechtwinkligen und schiefwinkligen Plattenelement von der Dicke dz

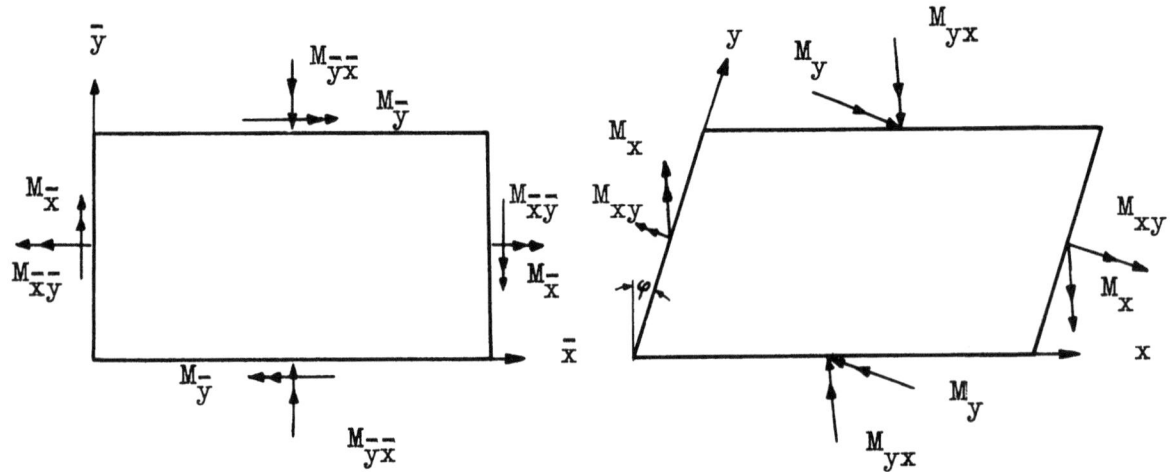

c) Momente am rechtwinkligen und schiefwinkligen Plattenelement

Abbildung 5

Die Schnittmomente sind in folgender Weise definiert:

$$(41) \quad M_{\bar{x}} = \int_{-t/2}^{+t/2} \sigma_{\bar{x}} \cdot z \cdot dz; \quad M_{\bar{y}} = \int_{-t/2}^{+t/2} \sigma_{\bar{y}} \cdot z \cdot dz; \quad M_{\bar{x}\bar{y}} = \int_{-t/2}^{+t/2} \tau_{\bar{x}\bar{y}} \cdot z \cdot dz$$

Zwischen den Querkräften und der äußeren Belastung besteht die Gleichgewichtsbedingung:

$$(42) \quad \frac{\partial Q_{\bar{x}}}{\partial \bar{x}} + \frac{\partial Q_{\bar{y}}}{\partial \bar{y}} = p(\bar{x}, \bar{y}).$$

Aus dem Gleichgewicht der Momente um die $\bar{x}$- bzw. $\bar{y}$-Achse folgen die Gleichungen:

$$(43) \quad \begin{aligned} \frac{\partial M_{\bar{x}}}{\partial \bar{x}} + \frac{\partial M_{\bar{x}\bar{y}}}{\partial \bar{y}} &= Q_{\bar{x}} \\ \frac{\partial M_{\bar{y}}}{\partial \bar{y}} + \frac{\partial M_{\bar{x}\bar{y}}}{\partial \bar{x}} &= Q_{\bar{y}} \end{aligned}$$

Die vereinfachenden Annahmen der klassischen Plattentheorie über den Deformationszustand dünner Platten führen auf folgenden Zusammenhang zwischen den Verzerrungen und der Durchbiegung w der Platte:

$$(44) \quad \varepsilon_{\bar{x}} = -z \frac{\partial^2 w}{\partial \bar{x}^2}; \quad \varepsilon_{\bar{y}} = -z \frac{\partial^2 w}{\partial \bar{y}^2}; \quad \gamma_{\bar{x}\bar{y}} = -2z \frac{\partial^2 w}{\partial \bar{x} \partial \bar{y}}$$

Führt man (44) in das Elastizitätsgesetz (1) ein, so ergeben sich unter Verwendung von (41) die Schnittmomente:

$$(45) \quad \begin{aligned} M_{\bar{x}} &= \frac{t^3}{12} \left(a_{11} \frac{\partial^2 w}{\partial \bar{x}^2} + a_{12} \frac{\partial^2 w}{\partial \bar{y}^2} + 2 a_{13} \frac{\partial^2 w}{\partial \bar{x} \partial \bar{y}} \right) \\ M_{\bar{y}} &- \frac{t^3}{12} \left(a_{12} \frac{\partial^2 w}{\partial \bar{x}^2} + a_{22} \frac{\partial^2 w}{\partial \bar{y}^2} + 2 a_{23} \frac{\partial^2 w}{\partial \bar{x} \partial \bar{y}} \right) \\ M_{\bar{x}\bar{y}} &= \frac{t^3}{12} \left(a_{13} \frac{\partial^2 w}{\partial \bar{x}^2} + a_{23} \frac{\partial^2 w}{\partial \bar{y}^2} + 2 a_{33} \frac{\partial^2 w}{\partial \bar{x} \partial \bar{y}} \right) \end{aligned}$$

Durch Eliminieren von $Q_{\bar{x}}$ und $Q_{\bar{y}}$ aus (42) und (43) folgt:

$$(46) \quad \frac{\partial^2 M_{\bar{x}}}{\partial \bar{x}^2} + \frac{\partial^2 M_{\bar{y}}}{\partial \bar{y}^2} + 2 \frac{\partial^2 M_{\bar{x}\bar{y}}}{\partial \bar{x} \partial \bar{y}} = p$$

und schließlich nach Einsetzen der Schnittmomente (45) in (46):

$$(47) \quad \frac{t^3}{12}\left[a_{11}\frac{\partial^4 w}{\partial \bar{x}^4} + 4a_{13}\frac{\partial^4 w}{\partial \bar{x}^3 \partial \bar{y}} + 2(a_{12}+2a_{33})\frac{\partial^4 w}{\partial \bar{x}^2 \partial \bar{y}^2} + 4a_{23}\frac{\partial^4 w}{\partial \bar{x}\partial \bar{y}^3} + a_{22}\frac{\partial^4 w}{\partial \bar{y}^4}\right] = p(\bar{x},\bar{y})$$

Zur Abkürzung werden die Steifigkeitswerte

$$(48) \quad D_{ik} = \frac{t^3}{12} a_{ik}$$

eingeführt.

Die Ausdrücke (48) gelten für eine homogene Platte mit der Dicke t. Die Biegesteifigkeiten D_{ik} einer nicht homogenen, aus einzelnen Bauelementen aufgebauten Platte müssen in jedem gegebenen Fall aus den vorliegenden Abmessungen der Platte ermittelt werden.

Die Differentialgleichung der Biegefläche der anisotropen Platte nimmt mit den Biegesteifigkeiten D_{ik} die Form an:

$$(49) \quad D_{11}\frac{\partial^4 w}{\partial \bar{x}^4} + 4D_{13}\frac{\partial^4 w}{\partial \bar{x}^3 \partial \bar{y}} + 2(D_{12}+2D_{33})\frac{\partial^4 w}{\partial \bar{x}^2 \partial \bar{y}^2} + 4D_{23}\frac{\partial^4 w}{\partial \bar{x}\partial \bar{y}^3} + D_{22}\frac{\partial^4 w}{\partial \bar{y}^4} = p(\bar{x},\bar{y})$$

Legt man das Koordinatensystem $\bar{x},\bar{y}$ in die Hauptsteifigkeitsachsen einer <u>orthotropen</u> Platte, so vereinfacht sich (49) zu der bereits von HUBER [1] angegebenen Differentialgleichung:

$$(50) \quad D_{11}^* \frac{\partial^4 w}{\partial \bar{x}^4} + 2(D_{12}^* + 2D_{33}^*)\frac{\partial^4 w}{\partial \bar{x}^2 \partial \bar{y}^2} + D_{22}^* \frac{\partial^4 w}{\partial \bar{y}^4} = p(\bar{x},\bar{y})$$

und für die isotrope Platte schließlich zu:

$$(51) \quad D\left(\frac{\partial^4 w}{\partial \bar{x}^4} + 2\frac{\partial^4 w}{\partial \bar{x}^2 \partial \bar{y}^2} + \frac{\partial^4 w}{\partial \bar{y}^4}\right) = p(\bar{x},\bar{y})$$

Beim Übergang auf ein schiefwinkliges Koordinatensystem x,y kann am schiefwinkligen Element (Abb. 5), wenn die Definition der Schnittmomente in den Koordinaten x,y entsprechend (41) beibehalten wird, wieder das Gleichgewicht der Querkräfte und der Momente angeschrieben werden: Das Gleichgewicht der Momente am schiefen Element führt, wie man leicht nachprüft, wieder auf die auch bei rechtwinkligem Element gültige Form:

$$(52) \quad \begin{aligned} \frac{\partial M_x}{\partial x} + \frac{\partial M_{xy}}{\partial y} &= Q_x \\ \frac{\partial M_y}{\partial y} + \frac{\partial M_{xy}}{\partial x} &= Q_y \end{aligned}$$

Auch das Gleichgewicht der Kräfte ergibt die (42) entsprechende Beziehung:

(53) $$\frac{\partial Q_x}{\partial x} + \frac{\partial Q_y}{\partial y} = p(x,y),$$

wenn man p(x,y) als spezifische Belastung pro Einheitsparallelogramm ansieht. Behält man jedoch p(x,y) als Belastung pro Flächeneinheit (z.B. pro cm^2) bei, so nimmt (53) die Form an:

(54) $$\frac{\partial Q_x}{\partial x} + \frac{\partial Q_y}{\partial y} = p(x,y)\cos\varphi$$

Da im schiefwinkligen Koordinatensystem auch die Beziehungen zwischen den Verzerrungen und den Krümmungen der Platte formal der Gleichung (44) entsprechen [12], folgt mit (5) und der (41) entsprechenden Definition der Momente im schiefwinkligen Koordinatensystem:

(55) $$\begin{aligned} M_x &= \frac{t^3}{12}\left(b_{11}\frac{\partial^2 w}{\partial x^2} + b_{12}\frac{\partial^2 w}{\partial y^2} + 2b_{13}\frac{\partial^2 w}{\partial x\partial y}\right) \\ M_y &= \frac{t^3}{12}\left(b_{12}\frac{\partial^2 w}{\partial x^2} + b_{22}\frac{\partial^2 w}{\partial y^2} + 2b_{23}\frac{\partial^2 w}{\partial x\partial y}\right) \\ M_{xy} &= \frac{t^3}{12}\left(b_{13}\frac{\partial^2 w}{\partial x^2} + b_{23}\frac{\partial^2 w}{\partial y^2} + 2b_{33}\frac{\partial^2 w}{\partial x\partial y}\right) \end{aligned}$$

und die Differentialgleichung der Biegefläche ergibt sich schließlich zu:

(56) $$\frac{t^3}{12}\left[b_{11}\frac{\partial^4 w}{\partial x^4} + 4b_{13}\frac{\partial^4 w}{\partial x^3\partial y} + 2(b_{12}+2b_{33})\frac{\partial^4 w}{\partial x^2\partial y^2} + 4b_{23}\frac{\partial^4 w}{\partial x\partial y^3} + b_{22}\frac{\partial^4 w}{\partial y^4}\right] = p(x,y)\cos\varphi$$

oder wenn man die Biegesteifigkeiten

(57) $$B_{ik} = \frac{t^3}{12} \cdot b_{ik}$$

einführt:

(58) $$B_{11}\frac{\partial^4 w}{\partial x^4} + 4B_{13}\frac{\partial^4 w}{\partial x^3\partial y} + 2(B_{12}+2B_{33})\frac{\partial^4 w}{\partial x^2\partial y^2} + 4B_{23}\frac{\partial^4 w}{\partial x\partial y^3} + B_{22}\frac{\partial^4 w}{\partial y^4} = p(x,y)\cos\varphi$$

Für die Untersuchung eines Plattenstreifens interessieren die Randbedingungen an den Längsrändern des Plattenstreifens.

Für eingespannte Längsränder gilt:

(59) $$\bar{y} = \pm\frac{b}{2} : w = 0 \quad \text{und} \quad \frac{\partial w}{\partial \bar{y}} = 0$$

im rechtwinkligen Koordinatensystem $\bar{x},\bar{y}$ (siehe Abb. 6) und

(60) $\quad y = \pm \dfrac{b}{2\cos\varphi}$: $w=0$ und $\dfrac{\partial w}{\partial y} = 0$

im schiefwinkligen Koordinatensystem x,y (siehe Abb. 6).

Für <u>momentenfrei</u> gelagerte Längsränder gilt:

(61) $\quad \bar{y} = \pm \dfrac{b}{2}$: $w=0$ und $M_{\bar{y}} = D_{12}\dfrac{\partial^2 w}{\partial \bar{x}^2} + D_{22}\dfrac{\partial^2 w}{\partial \bar{y}^2} + 2 D_{23}\dfrac{\partial^2 w}{\partial \bar{x}\,\partial \bar{y}} = 0$

bzw.

(62) $\quad y = \pm \dfrac{b}{2\cos\varphi}$: $w=0$ und

$$M_y \cos\varphi = \cos\varphi \left[B_{12}\dfrac{\partial^2 w}{\partial x^2} + B_{22}\dfrac{\partial^2 w}{\partial y^2} + 2 B_{23}\dfrac{\partial^2 w}{\partial x\,\partial y} \right] = 0$$

Beim Übergang auf das schiefwinklige Koordinatensystem mit dem speziellen Transformationswinkel φ^* (siehe Gleichungen (25) und (57)) wird $B_{23} = 0$ und die Randbedingungen für <u>momentenfrei gelagerte</u> Längsränder nehmen die einfache Form an:

(63) $\quad y = \pm \dfrac{b}{2\cos\varphi}$: $w=0$ und $B_{12}^{*}\dfrac{\partial^2 w}{\partial x^2} + B_{22}^{*}\dfrac{\partial^2 w}{\partial y^2} = 0$.

3. Beultheorie des anisotropen Plattenstreifens

3.1 Die Differentialgleichung der Beulfläche und der Lösungsansatz

Wir betrachten einen dünnen anisotropen, unendlich langen Plattenstreifen von konstanter Dicke t (siehe Abb. 6). Die Platte sei einem gleichmäßigen

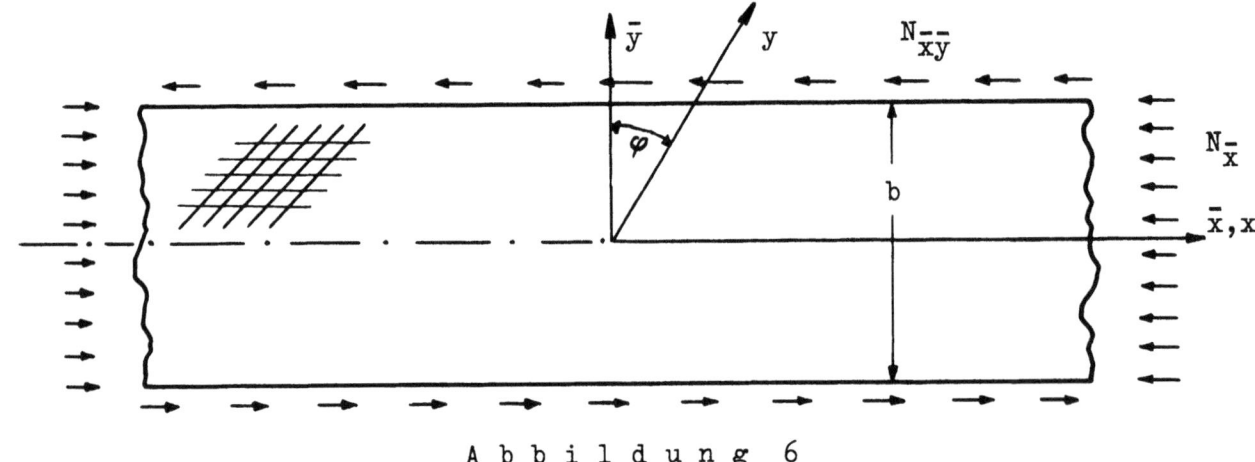

Abbildung 6

Anisotroper Plattenstreifen unter Schub- und Druckbelastung

Spannungszustand durch Längskräfte $N_{\bar{x}}$ bzw. Schubkräfte $N_{\overline{xy}}$ (Kräfte pro Längeneinheit) unterworfen. Erfährt die Platte eine Querverschiebung w, so erzeugen diese Kräfte eine spezifische Querbelastung der Platte von der Größe

(64) $$-p = N_{\bar{x}} \cdot \frac{\partial^2 w}{\partial \bar{x}^2} + 2 N_{\overline{xy}} \cdot \frac{\partial^2 w}{\partial \bar{x} \, \partial \bar{y}}$$

Die Kräfte $N_{\bar{x}}$ und $N_{\overline{xy}}$ seien so groß, daß Beulen eingetreten ist. Die Platte ist dann in einem indifferenten Gleichgewichtszustand.

Die Differentialgleichung der Beulfläche (49) nimmt für diesen Grenzfall der Stabilität die Form an:

(65) $$D_{11} \frac{\partial^4 w}{\partial \bar{x}^4} + 4 D_{13} \frac{\partial^4 w}{\partial \bar{x}^3 \, \partial \bar{y}} + 2(D_{12} + 2 D_{33}) \cdot \frac{\partial^4 w}{\partial \bar{x}^2 \partial \bar{y}^2} + 4 D_{23} \frac{\partial^4 w}{\partial \bar{x} \, \partial \bar{y}^3}$$
$$+ D_{22} \frac{\partial^4 w}{\partial \bar{y}^4} + N_{\bar{x}} \cdot \frac{\partial^2 w}{\partial \bar{x}^2} + 2 N_{\overline{xy}} \cdot \frac{\partial^2 w}{\partial \bar{x} \, \partial \bar{y}} = 0$$

Um die Randbedingungen des Problems zu vereinfachen, ist es zweckmäßig, die weitere Untersuchung in dem schiefwinkligen Koordinatensystem x, y mit dem speziellen Transformationswinkel φ^* (25) durchzuführen. Für dieses Koordinatensystem geht (65) in die Form über:

(66) $$B_{11}^* \frac{\partial^4 w}{\partial x^4} + 4 B_{13}^* \frac{\partial^4 w}{\partial x^3 \, \partial y} + 2(B_{12}^* + 2 B_{33}^*) \cdot \frac{\partial^4 w}{\partial x^2 \, \partial y^2} + B_{22}^* \frac{\partial^4 w}{\partial y^4}$$
$$+ \cos \varphi^* (N_{\bar{x}} - 2 N_{\overline{xy}} \cdot \text{tg} \, \varphi^*) \frac{\partial^2 w}{\partial x^2} + 2 N_{\overline{xy}} \cdot \frac{\partial^2 w}{\partial x \, \partial y} = 0$$

mit den Koeffizienten

$$B_{ik}^* = \frac{t^3}{12} \cdot b_{ik}^* \quad \text{nach} \quad (26).$$

Im Hinblick auf die Randbedingungen des unendlich langen Plattenstreifens, die in x-Richtung eine periodische Lösungsfunktion erfordern, kann folgender Ansatz für die Beulfläche gemacht werden:

(67) $$w = A \cos \frac{\pi}{\ell} (x + \frac{\lambda}{\varkappa} y)$$
$$= A \cos (\varkappa \cdot \frac{x \cos \varphi^*}{b/2} + \lambda \frac{y \cos \varphi^*}{b/2})$$
$$\text{mit} \quad \varkappa = \frac{\pi}{\ell} \cdot \frac{b}{2 \cos \varphi^*},$$

wobei ℓ die Halbwellenlänge der Beule ist.

Dieser Ansatz ist bereits von SOUTHWELL-SKAN und SEYDEL bei der Untersuchung der Stabilität des isotropen bzw. randparallel-orthotropen Plattenstreifens verwendet worden.

Führt man (67) in die Stabilitätsgleichung (66) ein, so folgt aus ihr die charakteristische Gleichung für λ:

$$(68) \quad \lambda^4 + 2 \frac{B_{12}^* + 2 B_{33}^*}{B_{22}^*} \lambda^2 \varkappa^2 + 2\lambda \left[2 \frac{B_{13}^*}{B_{22}^*} \varkappa^3 - \frac{N_{\overline{xy}}}{4 B_{22}^*} \cdot \frac{b^2}{\cos^2 \varphi^*} \cdot \varkappa \right]$$

$$+ \frac{B_{11}^*}{B_{22}^*} \varkappa^4 - \frac{N_{\overline{x}} b^2}{4 B_{22}^*} \cdot \frac{\varkappa^2}{\cos \varphi^*} + 2 \frac{N_{\overline{xy}} b^2}{4 B_{22}^* \cos \varphi^*} \cdot \mathrm{tg}\, \varphi^* \cdot \varkappa^2 = 0$$

Die Gleichung (68) liefert vier Wurzeln für λ, so daß bei gegebenem $\varkappa$ der Ansatz für w lautet:

$$(69) \quad w = \sum_{i=1}^{4} A_i \cos \left(\varkappa \cdot \frac{x \cos \varphi^*}{b/2} + \lambda_i \frac{y \cos \varphi^*}{b/2} \right)$$

Mit ihren Wurzeln λ_i kann die charakteristische Gleichung auch in der Form geschrieben werden:

$$(70) \quad (\lambda - \lambda_1)(\lambda - \lambda_2)(\lambda - \lambda_3)(\lambda - \lambda_4) = 0$$

Der Vergleich des Koeffizienten von λ^3 der Gleichung (70) mit dem entsprechenden Koeffizienten der charakteristischen Gleichung (68), der infolge der vorgenommenen Transformation verschwunden ist, ergibt für die Summe der vier Wurzeln die Bedingung:

$$(71) \quad \lambda_1 + \lambda_2 + \lambda_3 + \lambda_4 = 0$$

Von SOUTHWELL und SKAN ist hier eine Aufspaltung der vier Wurzeln vorgenommen worden, die die Ermittlung der Beullasten sehr übersichtlich gestaltet und die sich auch bei der Untersuchung der Beulung des randparallel-orthotropen Plattenstreifens durch SEYDEL bewährt hat. Für den anisotropen Plattenstreifen führt dieselbe Aufspaltung ebenfalls zum Ziel.

Wegen (71) kann für die Wurzeln gesetzt werden:

$$(72) \quad \lambda_{1,2} = \alpha \pm \beta; \quad \lambda_{3,4} = -\alpha \pm \gamma$$

Aus den Sätzen über die Wurzeln von Gleichungen mit reellen Koeffizienten folgt, daß α stets reell und β und γ entweder reell oder rein imaginär sein müssen.

Vergleicht man nun weiter die übrigen drei Koeffizienten der Gleichungen (68) und (70) und führt man den Ansatz (72) in die Rechnung ein, so ergeben sich die drei Beziehungen:

$$-2\alpha^2 - \beta^2 - \gamma^2 = 2\frac{B_{12}^* + 2B_{33}^*}{B_{22}^*} \cdot \varkappa^2$$

(73) $\quad \alpha(\beta^2 - \gamma^2) = -2\frac{B_{13}^*}{B_{22}^*}\varkappa^3 + \frac{N_{\overline{xy}} \cdot b^2}{4B_{22}^*\cos^2\varphi^*} \cdot \varkappa$

$$(\alpha^2 - \beta^2)(\alpha^2 - \gamma^2) = \frac{B_{11}^*}{B_{22}^*}\varkappa^4 - \left(\frac{N_{\overline{x}} \cdot b^2}{4B_{22}^*\cos\varphi^*} - 2\frac{N_{\overline{xy}} \cdot b^2}{4B_{22}^*} \cdot \frac{\sin\varphi^*}{\cos^2\varphi^*}\right)\cdot\varkappa^2$$

Die vierte Gleichung zur Ermittlung der vier in (73) auftretenden Unbekannten α, β, γ und $N_{\overline{x}}$ bzw. $N_{\overline{xy}}$ folgt aus den Randbedingungen des Problems.

3.2 Die Randbedingungen und die Beulgleichungen

Für den Fall momentenfreier Lagerung der Längsränder des Plattenstreifens muß die Lösungsfunktion w an den Längsrändern folgende Randbedingungen erfüllen (siehe Gleichung (62)):

(74) $\quad w = 0 \quad$ und $\quad B_{12}^* \cdot \frac{\partial^2 w}{\partial x^2} + B_{22}^* \frac{\partial^2 w}{\partial y^2} = 0 \quad$ für $\quad y = \pm \frac{b}{2\cos\varphi^*}$

Da nach (67) $\frac{\partial^2 w}{\partial x^2} = -\frac{w \cdot \pi^2}{\ell^2}$ ist, und w wegen (74) an den Längsrändern verschwindet, vereinfachen sich die Randbedingungen (74) zu:

(75) $\quad w = 0 \quad$ und $\quad \frac{\partial^2 w}{\partial y^2} = 0 \quad$ für $\quad y = \pm \frac{b}{2\cos\varphi^*}$

Führt man den Ansatz für w in die Randbedingungen (75) ein, so folgen vier lineare homogene Gleichungen zur Bestimmung der Konstanten A_i des Lösungsansatzes w in der Form:

(76) $\quad \sum_{i=1}^{4} A_i \cos\lambda_i = 0 \qquad \sum_{i=1}^{4} A_i \sin\lambda_i = 0$

$\qquad \sum_{i=1}^{4} A_i \lambda_i^2 \cos\lambda_i = 0 \qquad \sum_{i=1}^{4} A_i \lambda_i^2 \sin\lambda_i = 0$

Die vier homogenen Gleichungen mit den Unbekannten A_i haben nur dann eine von Null verschiedene Lösung, wenn die Determinante des Gleichungssystems verschwindet. Diese Bedingung führt auf eine transzendente Gleichung mit den Wurzeln λ_i oder - bei Beachtung von (72) - mit den Größen α, β und γ:

$$(77) \quad 8\alpha^2\beta\gamma\left[\cos 2\beta \cos 2\gamma - \cos 4\alpha\right] - \left[4\alpha^2(\beta^2+\gamma^2)-(\beta^2-\gamma^2)^2\right]\sin 2\gamma \sin 2\beta = 0$$

Da sowohl die Randbedingungen (75) als auch der Ansatz für w für den anisotropen Plattenstreifen im speziell-schiefwinkligen Koordinatensystem Gleichung (25) formal mit den entsprechenden Ausdrücken des isotropen Plattenstreifens im rechtwinkligen Koordinatensystem übereinstimmen, muß die Beulgleichung (77) in unveränderter Form sowohl für den anisotropen als auch für den isotropen Plattenstreifen gültig sein. Die Elastizitätskonstanten der Platte treten in ihr nicht in Erscheinung.

Für eingespannte Längsränder des anisotropen Plattenstreifens gelten die Randbedingungen:

$$(78) \quad w = 0 \quad \text{und} \quad \frac{\partial w}{\partial y} = 0 \quad \text{für} \quad y = \pm \frac{b}{2 \cos \varphi^*}$$

Auch in diesem Falle besitzt die Beulgleichung des anisotropen Plattenstreifens aus den eben erwähnten Gründen dieselbe Form, wie sie auch für den isotropen Plattenstreifen gilt [3]:

$$(79) \quad 2\beta\gamma(\cos 2\beta \cos 2\gamma - \cos 4\alpha) - (4\alpha^2 - \beta^2 - \gamma^2)\sin 2\beta \sin 2\gamma = 0$$

3.3 Beullasten des durch Druckkräfte in Längsrichtung belasteten anisotropen Plattenstreifens

Für den Fall reiner Längsdruckbelastung $N_{\bar{x}}$ nehmen die Bestimmungsgleichungen (73) die Form an:

$$(80) \quad \begin{aligned} -2\alpha^2 - \beta^2 - \gamma^2 &= 2\frac{B_{12}^* + 2B_{33}^*}{B_{22}^*} \cdot \varkappa^2 \\ \alpha(\beta^2 - \gamma^2) &= -2\frac{B_{13}^*}{B_{22}^*} \cdot \varkappa^3 \\ (\alpha^2 - \beta^2)(\alpha^2 - \gamma^2) &= \frac{B_{11}^*}{B_{22}^*}\varkappa^4 - \frac{N_{\bar{x}} \cdot b^2}{4 B_{22}^* \cos \varphi^*} \cdot \varkappa^2 \end{aligned}$$

Führt man in (80) die neue Größe

$$(81) \quad \varkappa_1 = \varkappa \sqrt[4]{\frac{B_{11}^*}{B_{22}^*}}$$

ein, und verwendet man die in Abschnitt 2.5 eingeführten Kennwerte ϑ^* und ε_1^* der anisotropen Platte, so erscheinen die Gleichungen (80) in der neuen Form:

$$
(82) \quad \begin{aligned}
-2\alpha^2 - \beta^2 - \gamma^2 &= 2\vartheta^* \varkappa_1^2 \\
\alpha(\beta^2 - \gamma^2) &= -2\varepsilon_1^* \cdot \varkappa_1^3 \\
(\alpha^2 - \beta^2)(\alpha^2 - \gamma^2) &= \varkappa_1^4 - n_{\bar{x}} \cdot \varkappa_1^2
\end{aligned}
$$

mit der Abkürzung

$$
(83) \quad n_{\bar{x}} = \frac{N_{\bar{x}} b^2}{4 \cos \varphi^* \sqrt{B_{11}^* B_{22}^*}}
$$

$\cos \varphi^* \sqrt{B_{11}^* B_{22}^*}$ ist ein Steifigkeitswert, der mit den Biegesteifigkeiten D_{ik} des rechtwinkligen Koordinatensystems nach (26) und (48) in folgender Weise zusammenhängt:

$$
\cos \varphi^* \sqrt{B_{11}^* B_{22}^*} = \left[D_{11}D_{22} - 4 D_{13}D_{23} + 2\frac{(D_{12} + 2D_{33})}{D_{22}}D_{23}^2 - 3\frac{D_{23}^4}{D_{22}^2} \right]^{1/2}
$$

Die reduzierten Druckbeullasten $n_{\bar{x}}$ des anisotropen Plattenstreifens lassen sich also bemerkenswerterweise in Abhängigkeit von nur zwei Kennwerten ϑ^* und ε_1^* der anisotropen Platte bestimmen.

Die Ermittlung der Druckbeullasten erfolgt aus den vier Gleichungen (82) und (77) bzw. (79), mit deren Hilfe die vier Unbekannten α, β, γ und $n_{\bar{x}}$ bestimmt werden können. Die bezogene reziproke Wellenlänge $\varkappa_1$ muß so gewählt werden, daß $n_{\bar{x}}$ zum Minimum wird.

Aus den beiden ersten Gleichungen von (82) lassen sich β und γ ermitteln zu:

$$
(84) \quad \begin{aligned}
\beta^2 &= -\vartheta^* \varkappa_1^2 - \varepsilon_1^* \frac{\varkappa_1^3}{\alpha} - \alpha^2 \\
\gamma^2 &= -\vartheta^* \varkappa_1^2 + \varepsilon_1^* \frac{\varkappa_1^3}{\alpha} - \alpha^2
\end{aligned}
$$

und aus der dritten Gleichung von (82) folgt:

$$
(85) \quad n_{\bar{x}} = \frac{N_{\bar{x}} b^2}{4 \cos \varphi^* \sqrt{B_{11}^* B_{22}^*}} = \varkappa_1^2 - \frac{(\alpha^2 - \beta^2)(\alpha^2 - \gamma^2)}{\varkappa_1^2}
$$

Wie SCHMIEDEN [16] gezeigt hat, kann im folgenden ß immer als reell vorausgesetzt werden, während γ sowohl reelle als auch imaginäre Werte annehmen kann.

Aus den transzendenten Beulgleichungen (77) bzw. (79), die für imaginäre Werte von γ in der Form

$$(86) \quad 8\alpha^2 \beta \frac{\gamma}{i} \left[\cos 2\beta \cos 2\frac{\gamma}{i} - \cos 4\alpha\right] - \left[4\alpha^2(\beta^2+\gamma^2)-(\beta^2-\gamma^2)^2\right] \sin 2\beta \sin 2\frac{\gamma}{i} = 0$$
(momentenfrei gelagerte Längsränder)

bzw.

$$(87) \quad 2\beta \frac{\gamma}{i} \left[\cos 2\beta \cos 2\frac{\gamma}{i} - \cos 4\alpha\right] - \left[4\alpha^2 - \beta^2 - \gamma^2\right] \sin 2\beta \sin 2\frac{\gamma}{i} = 0$$
(eingespannte Längsränder)

geschrieben werden können, läßt sich mit Hilfe von (84) für konstantes $\varkappa_1$ die Unbekannte α und damit schließlich aus (85) die Größe $n_{\bar{x}}$ ermitteln. Wiederholt man diese Rechnung für andere Werte von $\varkappa_1$, so kann $n_{\bar{x}}$ als Funktion von $\varkappa_1$ dargestellt werden, deren Kleinstwert die gesuchte Beullast ergibt.

Die Ermittlung der Druckbeullasten $n_{\bar{x}}$ in Abhängigkeit von $\varkappa_1$ ist im Anhang 7.2 für einige Beispiele anisotroper Platten durchgeführt.

Für den Fall, daß $\varepsilon_1^* = 0$ wird, läßt sich für die Beullast $n_{\bar{x}}$ des anisotropen Plattenstreifens mit momentenfrei gelagerten Längsrändern ein geschlossener Ausdruck angeben. Dieser Sonderfall $\varepsilon_1^* = 0$ schließt vor allem den Fall des randparallel-orthotropen Plattenstreifens in sich ein; er gilt jedoch auch für jeden beliebig-anisotropen Plattenstreifen, dessen Steifigkeitskonstanten die Bedingung erfüllen:

$$\varepsilon_1^* = \frac{B_{13}^*}{\sqrt[4]{B_{22}^* B_{11}^{*3}}} = 0$$

bzw. (siehe Gleichung (26)):

$$(88) \quad \frac{D_{13}}{D_{22}} - \frac{(D_{12} + 2D_{33})}{D_{22}} \cdot \frac{D_{23}}{D_{22}} + 2\left(\frac{D_{23}}{D_{22}}\right)^3 = 0.$$

Für $\varepsilon_1^* = 0$ folgt aus der zweiten Gleichung von (82) $\alpha = 0$.

Die Beulgleichung (86) vereinfacht sich damit zu:

$$(89) \quad (\beta^2 - \gamma^2)^2 \sin 2\beta \sin 2\frac{\gamma}{i} = 0.$$

Da $\sin 2\frac{\gamma}{i} \neq 0$, folgt $\sin 2\beta = 0$ und $\beta = \frac{\pi}{2}$. Führt man $\beta = \frac{\pi}{2}$ in die erste und dritte Gleichung von (82) ein und eliminiert man γ^2 aus ihnen, so ergibt sich:

$$(90) \quad n_{\bar{x}} = \mathcal{X}_1^2 + \frac{\pi^2}{4} \cdot 2\vartheta^* + \frac{\pi^4}{16} \cdot \frac{1}{\mathcal{X}_1^2}$$

Aus der Minimumsbedingung für $n_{\bar{x}}$ kommt:

$$(91) \quad \mathcal{X}_1 = \frac{1}{\cos\varphi^*} \cdot \sqrt[4]{\frac{B_{11}^*}{B_{22}^*}} \cdot \frac{b}{\ell} \cdot \frac{\pi}{2} \; ; \quad \text{d.h.} \quad \ell/b = \frac{1}{\cos\varphi^*} \cdot \sqrt[4]{\frac{B_{11}^*}{B_{22}^*}}$$

oder mit (26)

$$\ell/b = \sqrt[4]{\frac{D_{11}}{D_{22}} - 4\frac{D_{13}}{D_{22}} \cdot \frac{D_{23}}{D_{22}} + 2\frac{D_{12} + 2D_{33}}{D_{22}} \cdot \left(\frac{D_{23}}{D_{22}}\right)^2 - 3\left(\frac{D_{23}}{D_{22}}\right)^4}$$

und für die Beullast $n_{\bar{x}}$ folgt damit:

$$(92) \quad n_{\bar{x}} = \frac{N_{\bar{x}} b^2}{4\cos\varphi^* \sqrt{B_{11}^* B_{22}^*}} = \frac{\pi^2}{2}(1 + \vartheta^*) = \frac{\pi^2}{2}\left(1 + \frac{(B_{12}^* + 2B_{33}^*)}{\sqrt{B_{11}^* B_{22}^*}}\right)$$

Für den <u>randparallel-orthotropen</u> Plattenstreifen ergeben sich aus (92) mit

$$B_{11}^* = D_{11}^*; \qquad B_{22}^* = D_{22}^*; \qquad B_{33}^* = D_{33}^* \quad \text{und} \quad B_{12}^* = D_{12}^*$$

die bekannten Beziehungen [13] für die Druckbeullast:

$$(93) \quad n_{\bar{x}} = \frac{N_{\bar{x}} b^2}{4\sqrt{D_{11}^* D_{22}^*}} = \frac{\pi^2}{2}\left(1 + \frac{(D_{12}^* + 2D_{33}^*)}{\sqrt{D_{11}^* D_{22}^*}}\right)$$

und für die Wellenlänge:

$$(93a) \quad \ell/b = \sqrt[4]{\frac{D_{11}^*}{D_{22}^*}}$$

Für den <u>isotropen</u> Plattenstreifen wird schließlich mit

$$D_{11}^* = D_{22}^* = D_{23}^* = D$$

$$n_{\bar{x}} = \frac{N_{\bar{x}} b^2}{4D} = \pi^2 \quad \text{und} \quad \ell/b = 1.$$

Für den anisotropen Plattenstreifen mit momentenfrei gelagerten Längsrändern sind nach dem oben angegebenen Verfahren die Druckbeullasten in

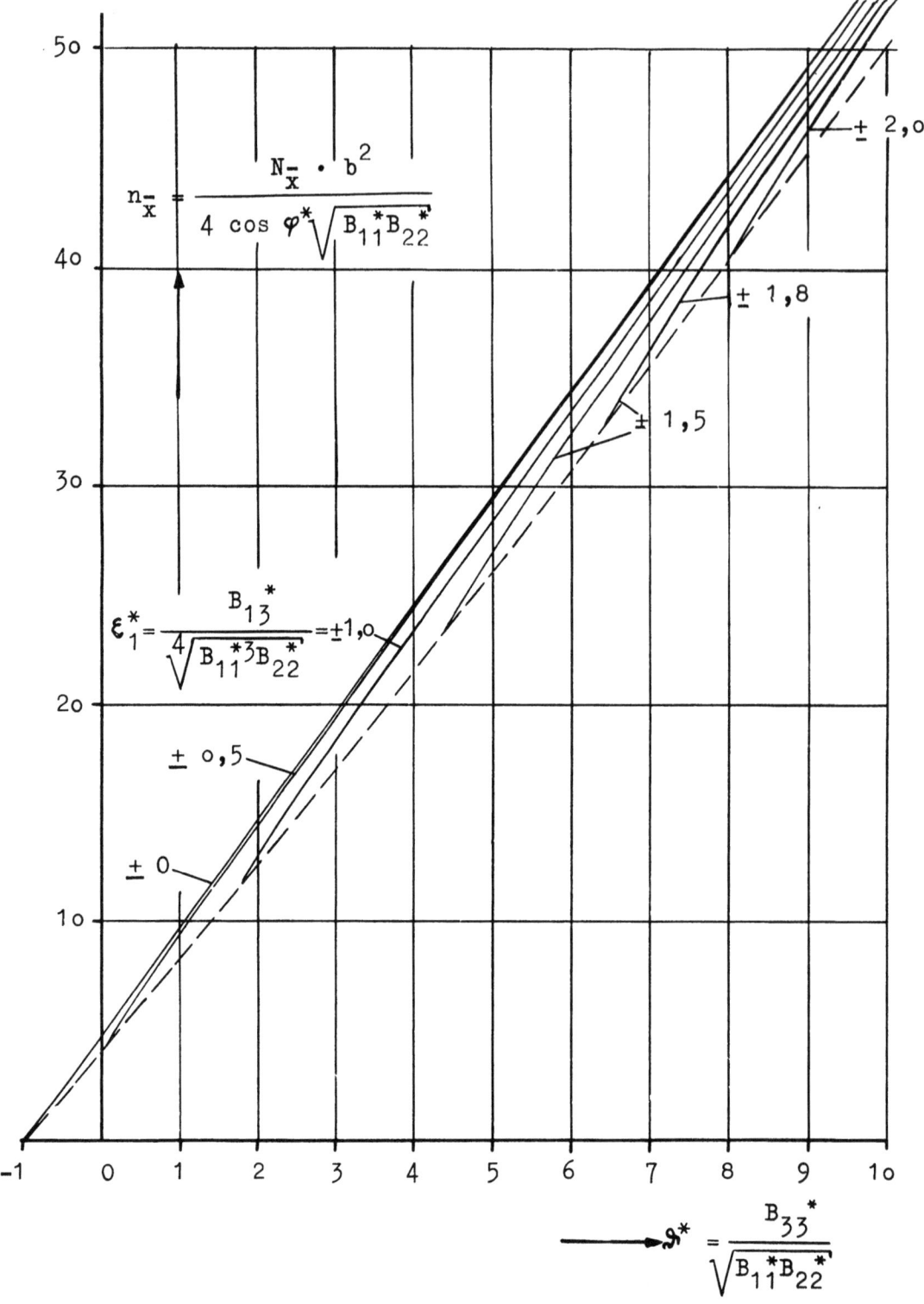

Abbildung 7

Druckbeullasten momentenfrei gelagerter anisotroper Plattenstreifen

Abhängigkeit von den beiden Kennwerten ϑ^* und ε_1^* der anisotropen Platte errechnet und in Abbildung 7 aufgetragen worden.

Die Kurven mit dem Parameter ε_1^* sind durch eine gestrichelt angedeutete Grenzkurve abgeschlossen. Der von dieser Grenzkurve und der Geraden $n_{\bar{x}} = \frac{\pi^2}{2}(1 + \vartheta^*)$ eingeschlossene Bereich umfaßt alle Parameter ϑ^*, ε_1^* des Existenzbereiches der anisotropen Platten (siehe Abschnitt 2.5). Längs der Grenzkurve gilt zwischen den Parametern ϑ^*, und ε_1^* die durch die Hüllkurvenfunktion (40) angegebene Beziehung.

Das Diagramm gestattet es, für jeden beliebig-anisotropen Plattenstreifen, dessen sechs Steifigkeitskoeffizienten D_{ik} durch Messung oder durch Rechnung bekannt sind, die Druckbeullast sofort zu bestimmen. Beispiele für die Anwendung des Diagramms sind im Abschnitt 4 angegeben.

Man erkennt aus Abbildung 7, daß die Abhängigkeit der reduzierten Beullast $n_{\bar{x}}$ vom Kennwert ε_1^* der anisotropen Platte nicht sehr groß ist. Die Beullasten von Plattenstreifen, deren Kennwerte an der Grenze des Existenzbereiches der anisotropen Platten liegen, weichen maximal um etwa 15 % von den für $\varepsilon_1^* = 0$ geltenden Beullasten ab.

Nun werden in der Natur anisotrope Platten mit Kennwerten, die an der Grenze des Existenzbereiches liegen, kaum vorkommen. Bisher untersuchte anisotrope Platten (Sperrholzplatten, versteifte Platten) wiesen Kennwerte auf, für welche die Abweichungen der Beullasten $n_{\bar{x}}$ von den Beullasten $n_{\bar{x}}$ für $\varepsilon_1^* = 0$ sehr klein waren.

Diese Tatsache gestattet es, eine bemerkenswert einfache Näherungsformel für die Druckbeullast $n_{\bar{x}}$ momentenfrei gelagerter Plattenstreifen anzugeben. Setzt man näherungsweise $\varepsilon_1^* = 0$, so ergibt sich die Beullast zu:

$$(94) \qquad n_{\bar{x}} = \frac{N_{\bar{x}} b^2}{4 \cos \varphi^* \sqrt{B_{11}^* B_{22}^*}} = \frac{\pi^2}{2}\left(1 + \frac{B_{12}^* + 2B_{33}^*}{\sqrt{B_{11}^* B_{22}^*}}\right)$$

Beullasten gedrückter Sperrholzstreifen, die einerseits mit Hilfe des Diagramms Abbildung 7 und andererseits mit Hilfe der Näherungsformel (94) bestimmt wurden, zeigten eine Differenz von nicht mehr als 1,5 %.

3.4 Beullasten des durch Schubkräfte belasteten anisotropen Plattenstreifens

Im Falle reiner Druckbelastung konnten die Beullasten in Abhängigkeit von den zwei Kennwerten ϑ^* und ε_1^* der anisotropen Platte dargestellt werden.

Eine entsprechende Darstellung der Schubbeullasten ist nicht möglich, da, wie (73) zeigt, der Ausdruck für die Schubbeullasten

$$\frac{N_{\overline{xy}} \, b^2}{4 \, B_{22}^* \cos^2 \varphi^*}$$

sowohl in der zweiten als auch in der dritten Gleichung von (73) auftritt und in der letzteren mit dem Faktor $\sin \varphi^*$ multipliziert ist. Dadurch geht ein weiterer Steifigkeitsparameter in die Rechnung ein, so daß die Schubbeullast von drei Steifigkeitsparametern abhängig ist.

Es hat sich hier als zweckmäßig erwiesen, anstatt der Kennwerte ϑ^*, ε_1^* und eines dritten - durch $\sin \varphi^*$ bestimmten - Steifigkeitsparameters die drei Kennwerte ϑ, ε_1 und ε_2 (siehe Abschnitt 2.5) in die Rechnung einzuführen.

Die Gleichungen (73) nehmen bei Verwendung der Beziehungen (26) die Form an:

$$(95) \quad \begin{aligned} -2\alpha^2 - \beta^2 - \gamma^2 &= 2\left\{\frac{D_{12} + 2D_{33}}{D_{22}} - 3\left(\frac{D_{23}}{D_{22}}\right)^2\right\} \varkappa^2 \cos^2\varphi^* \\ \alpha(\beta^2 - \gamma^2) &= -2\left\{\frac{D_{13}}{D_{22}} - \frac{D_{12}+2D_{33}}{D_{22}} \cdot \frac{D_{23}}{D_{22}} + 2\left(\frac{D_{33}}{D_{22}}\right)^3\right\} \varkappa^3 \cos^3\varphi^* + \frac{N_{\overline{xy}} \cdot b^2}{4 D_{22}} \varkappa \cos \varphi^* \\ (\alpha^2 - \beta^2)(\alpha^2 - \gamma^2) &= \left\{\frac{D_{11}}{D_{22}} - 4\frac{D_{13}}{D_{22}} \cdot \frac{D_{23}}{D_{22}} + 2\frac{D_{12} + 2D_{33}}{D_{22}} \cdot \left(\frac{D_{23}}{D_{22}}\right)^2 \right. \\ &\quad \left. - 3\left(\frac{D_{23}}{D_{22}}\right)^4\right\} \varkappa^4 \cos^4\varphi^* - \frac{N_{\overline{x}} \cdot b^2}{4 D_{22}} \varkappa^2 \cos^2\varphi^* + 2 \frac{N_{\overline{xy}} \cdot b^2}{4 D_{22}} \cdot \frac{D_{23}}{D_{22}} \varkappa^2 \cos^2\varphi^* \end{aligned}$$

Führt man die neue Größe

$$(96) \qquad \varkappa_2 = \varkappa \cdot \cos \varphi^* \sqrt[4]{\frac{D_{11}}{D_{22}}}$$

und gleichzeitig die durch (28) und (29) definierten Kennwerte ϑ, ε_1 und ε_2 in die Gleichungen (95) ein, so erscheinen sie in der Form:

$$(97) \quad \begin{aligned} -2\alpha^2 - \beta^2 - \gamma^2 &= 2(\vartheta - 3\varepsilon_2^2) \varkappa_2^2 \\ \alpha(\beta^2 - \gamma^2) &= -2(\varepsilon_1 - \vartheta \varepsilon_2 + 2\varepsilon_2^3) \varkappa_2^3 + n_{\overline{xy}} \varkappa_2 \\ (\alpha^2 - \beta^2)(\alpha^2 - \gamma^2) &= (1 - 4\varepsilon_1 \varepsilon_2 + 2\vartheta \varepsilon_2^2 - 3\varepsilon_2^4)\varkappa_2^4 - n_{\overline{x}} \cdot \varkappa_2^2 + 2 n_{\overline{xy}} \cdot \varepsilon_2 \varkappa_2^2 \end{aligned}$$

mit den Abkürzungen

(98) $$n_{\bar{x}} = \frac{N_{\bar{x}} \cdot b^2}{4\sqrt{D_{11}D_{22}}} \; ; \qquad n_{\overline{xy}} = \frac{N_{\overline{xy}} \cdot b^2}{4\sqrt[4]{D_{11}D_{22}^3}}$$

Man erkennt, daß diese Darstellung der Bestimmungsgleichungen (97) für den Fall reiner Druckbelastung unzweckmäßig ist, da hier drei Steifigkeitskennwerte (ϑ, ε_1, ε_2) in die Rechnung eingehen, im Gegensatz zur Darstellung (82), in welcher nur die zwei Kennwerte ϑ^* und ε_1^* auftreten.

Für den Fall reinen Schubes ($n_{\bar{x}} = 0$) können wieder aus den drei Gleichungen (97) und einer der Beulgleichungen (77) bzw. (79) die Unbekannten α, β, γ und $n_{\overline{xy}}$ bei systematischer Variation der reduzierten Wellenlänge $\varkappa_2$ der Beulfläche ermittelt werden. Das Minimum der Funktion $n_{\overline{xy}} = f(\varkappa_2)$ ist die gesuchte Schubbeullast des anisotropen Plattenstreifens.

Aus den Gleichungen (97) folgt für die Unbekannten β und γ:

(99) $$\beta^2 = (3\varepsilon_2^2 - \vartheta)\varkappa_2^2 - \alpha^2 - 2\varepsilon_2\alpha\varkappa_2 + \sqrt{\left[2\alpha^2 - (2\varepsilon_2^2 - \vartheta + 1)\varkappa_2^2\right]\left[2\alpha^2 - (2\varepsilon_2^2 - \vartheta - 1)\varkappa_2^2\right]}$$

$$\gamma^2 = (3\varepsilon_2^2 - \vartheta)\varkappa_2^2 - \alpha^2 + 2\varepsilon_2\alpha\varkappa_2 - \sqrt{\left[2\alpha^2 - (2\varepsilon_2^2 - \vartheta + 1)\varkappa_2^2\right]\left[2\alpha^2 - (2\varepsilon_2^2 - \vartheta - 1)\varkappa_2^2\right]}$$

und weiter für $n_{\overline{xy}}$

(100) $$n_{\overline{xy}} = \frac{\alpha}{\varkappa_2}(\beta^2 - \gamma^2) + 2(\varepsilon_1 - \vartheta\varepsilon_2 + 2\varepsilon_2^3)\varkappa_2^2$$

Es ist bemerkenswert, daß der Parameter ε_1 nur in der letzten Gleichung (100) auftritt. Die Größen α, β und γ sind also nur von ε_2 und ϑ abhängig.

Aus den Gleichungen (99) und einer der Beulgleichungen (77) bzw. (79) lassen sich die Unbekannten α, β und γ ermitteln und damit aus (100) $n_{\overline{xy}}$.

Für den Fall des randparallel-orthotropen Plattenstreifens vereinfachen sich die Gleichungen (97) wesentlich, da $\varepsilon_1 = \varepsilon_2 = 0$ wird, zu:

(101) $$\begin{aligned} -2\alpha^2 - \beta^2 - \gamma^2 &= 2\vartheta\varkappa_2^2 \\ \alpha(\beta^2 - \gamma^2) &= n_{\overline{xy}}\varkappa_2 \\ (\alpha^2 - \beta^2)(\alpha^2 - \gamma^2) &= \varkappa_2^4 \end{aligned}$$

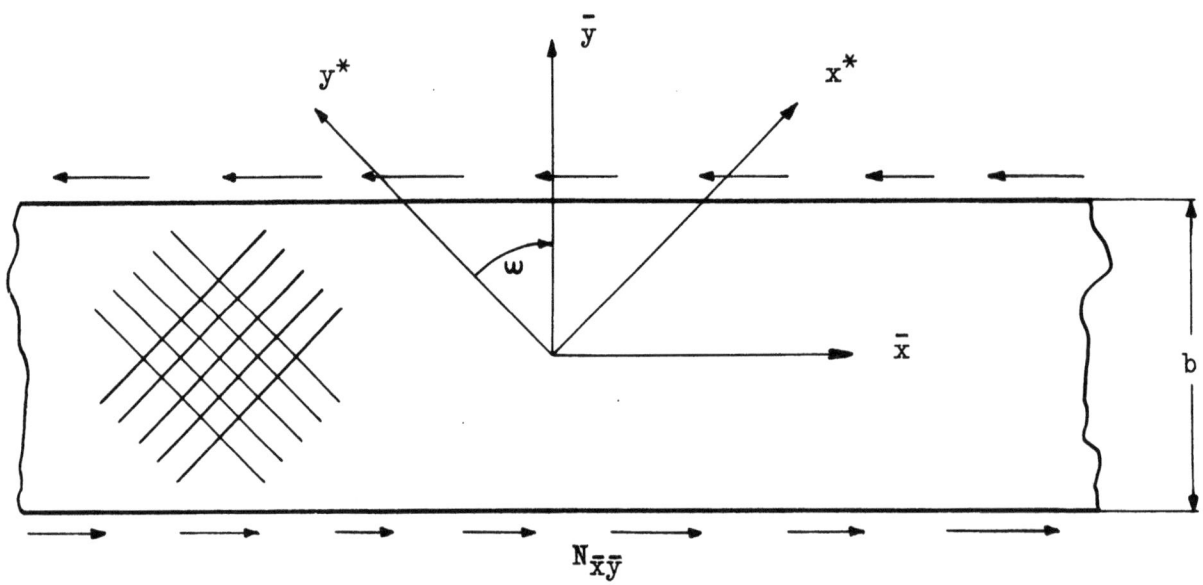

Abbildung 8
Orthotroper Plattenstreifen mit $\omega = 45°$ unter Schubbelastung

Die Errechnung der Beullasten für diesen Fall ist von E. SEYDEL [3] unter Verwendung der Gleichungen (1o1) in sehr ausführlicher Weise durchgeführt und das Ergebnis in Abhängigkeit von dem Plattenkennwert $\vartheta = \dfrac{(D_{12}+2D_{33})}{\sqrt{D_{11}D_{12}}}$ dargestellt worden.

Für den isotropen Plattenstreifen schließlich ($\vartheta = 1$) ist die Lösung von SOUTHWELL und SKAN [4] gefunden und mit $n_{\bar{x}\bar{y}} = 13{,}18$ für momentenfrei gelagerte und mit $n_{\bar{x}\bar{y}} = 22{,}15$ für eingespannte Längsränder angegeben worden.

Eine allgemeine Darstellung der Schubbeullasten des anisotropen Plattenstreifens in ähnlicher Weise wie die Darstellung der Druckbeullasten in Abbildung 7 würde wegen der drei in die Rechnung eingehenden Kennwerte ϑ, ε_1 und ε_2 einen sehr großen Rechenaufwand erfordern. Von dieser allgemeinen Darstellung ist daher abgesehen worden.

Für einen wichtigen Sonderfall anisotroper Plattenstreifen sind jedoch die Schubbeullasten ermittelt worden, nämlich für den Fall, daß die Kennwerte ε_1 und ε_2 der anisotropen Platte einander gleich sind, so daß dann auch in die Schubbeullastermittlung nur zwei Kennwerte (ϑ, $\varepsilon_1 = \varepsilon_2$) eingehen. Die Bedingung $\varepsilon_1 = \varepsilon_2$ ist für eine Reihe von Platten mit spezieller Anisotropie erfüllt, wie z.B. für die von SEYDEL behandelten randparallel-orthotropen Platten ($\varepsilon_1 = \varepsilon_2 = 0$) und für orthotrope Platten, deren Hauptsteifigkeitsachsen unter $\omega = 45°$ bzw. $135°$ gegen die Platten-

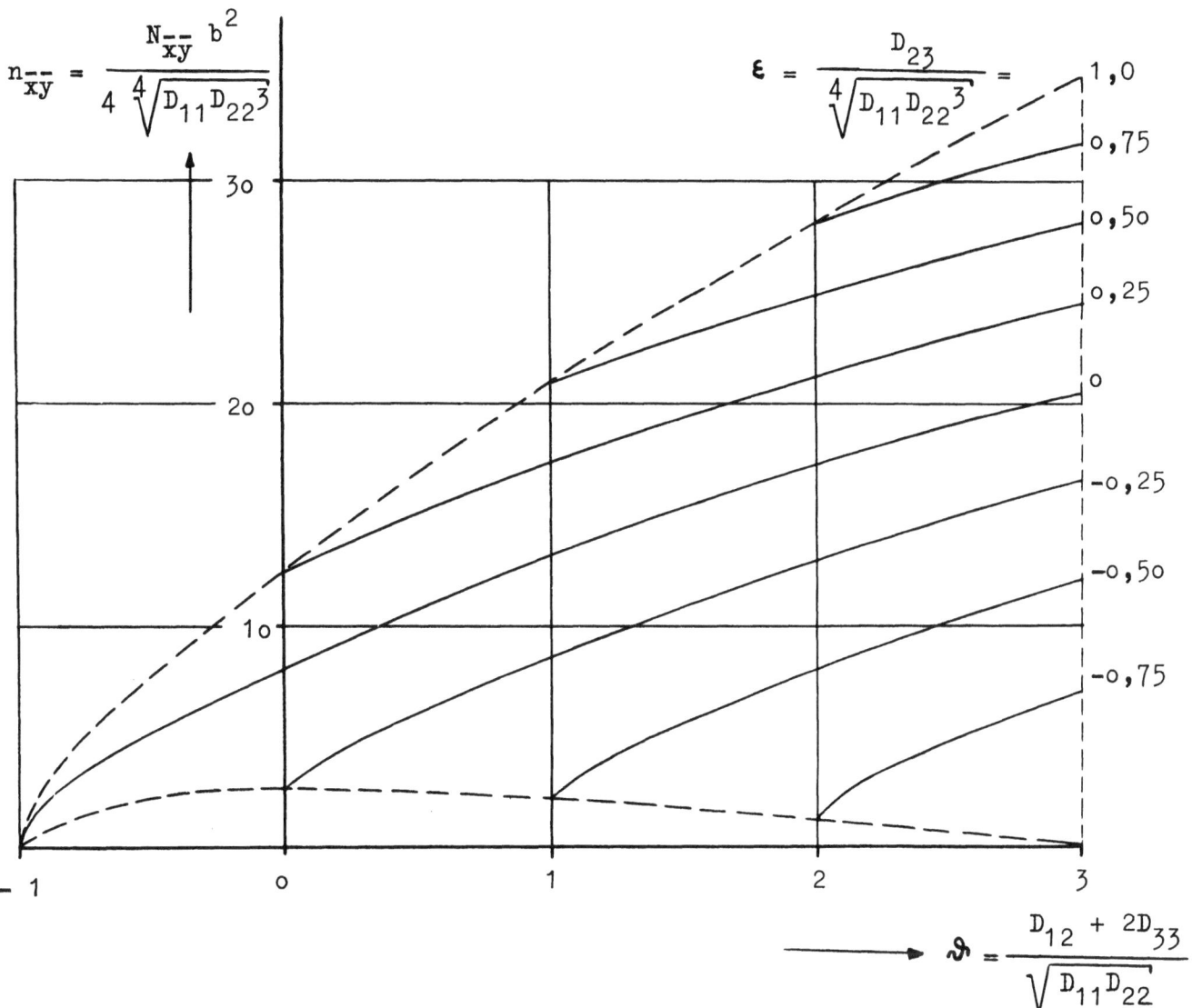

Abbildung 9

Schubbeullasten momentenfrei gelagerter anisotroper Plattenstreifen mit $\varepsilon_1 = \varepsilon_2 = \varepsilon$

ränder geneigt sind (Abb. 8). Wie die Gleichungen (19a) erkennen lassen, gilt für diesen Fall $D_{11} = D_{22}$ und $D_{13} = D_{23}$ und damit nach Gleichung (29) $\varepsilon_1 = \varepsilon_2$.

Die für die Bedingung $\varepsilon_1 = \varepsilon_2$ ermittelten Beullasten gelten im allgemeinsten Fall für alle anisotropen Platten, deren Steifigkeitskoeffizienten die Bedingung

$$D_{23} = D_{13} \sqrt{\frac{D_{22}}{D_{11}}}$$

erfüllen. Im Abschnitt 4.12 wird gezeigt, daß aber auch für anisotrope

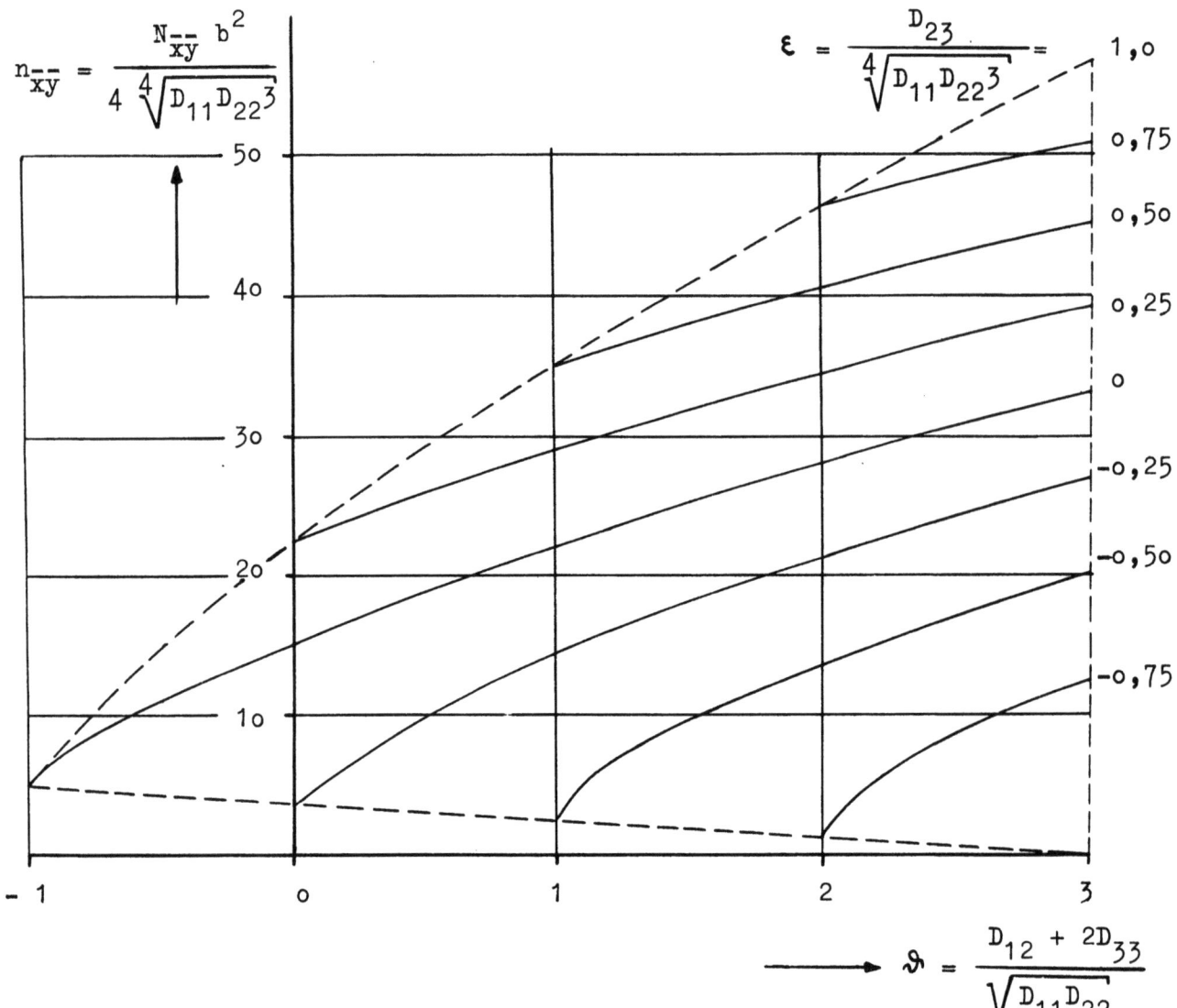

Abbildung 1o

Schubbeullasten eingespannter anisotroper Plattenstreifen mit $\varepsilon_1 = \varepsilon_2 = \varepsilon$

Platten, deren Steifigkeitskoeffizienten diese Bedingung nicht exakt erfüllen, die für $\varepsilon_1 = \varepsilon_2$ ermittelten Beullasten in guter Näherung gültig sind.

Die Beullasten $n_{\overline{xy}}$ anisotroper Plattenstreifen, die die Bedingung $\varepsilon_1 = \varepsilon_2$ erfüllen, sind nach dem oben angegebenen Verfahren ermittelt worden. Auf die praktische Durchführung des Verfahrens wird im Anhang Abschnitt 7.2 näher eingegangen.

Die Schubbeullasten für Plattenstreifen mit momentenfrei gelagerten Längsrändern sind in Abbildung 9, für solche mit eingespannten Längsrändern in Abbildung 1o dargestellt. Die Abbildungen 11 und 12 zeigen

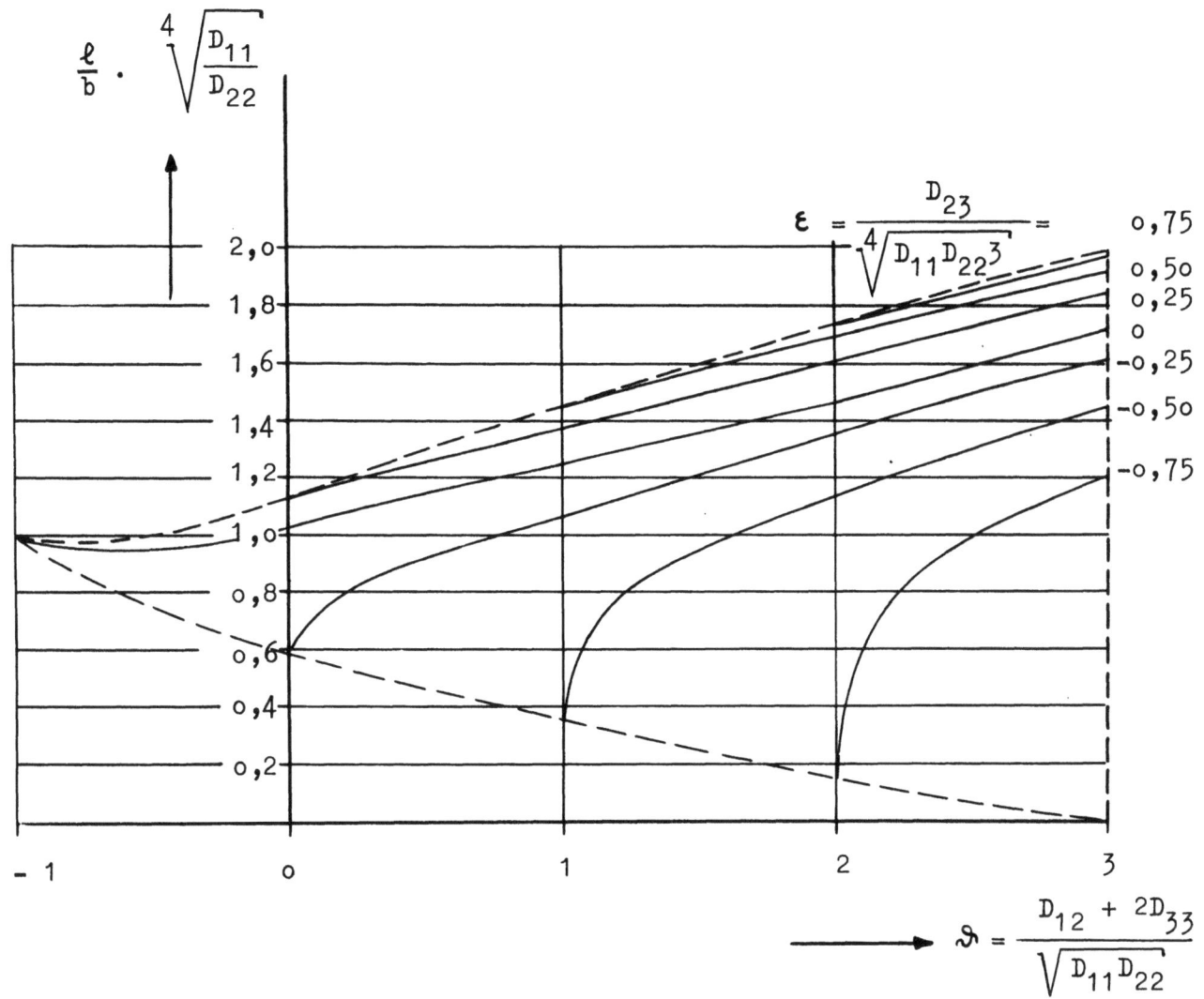

Abbildung 11

Halbwellenlängen bei Schubbeulung momentenfrei gelagerter anisotroper Plattenstreifen $\varepsilon_1 = \varepsilon_2 = \varepsilon$

die Halbwellenlängen der Beulfläche für die gleichen Randbedingungen. Die Abbildungen 9 bis 12 enthalten wieder gestrichelt angedeutete Grenzkurven. Diese entsprechen den in Abbildung 2o (Anhang, Abschnitt 7.1) dargestellten Grenzkurven des Existenzbereiches anisotroper Platten, deren Kennwerte die Bedingung $\varepsilon_1 = \varepsilon_2$ erfüllen. Für den speziellen Fall orthotroper Platten, deren Hauptsteifigkeitsachsen um $\omega = 45°$ bzw. $135°$ gegen das zu den Plattenrändern parallel verlaufende Koordinatensystem $\bar{x}, \bar{y}$ geneigt sind, wird der Existenzbereich außerdem durch die Gerade $\vartheta = 3$ begrenzt (Abb. 22, Anhang, Abschnitt 7.1). Die Ermittlung der Beullasten und Halbwellenlängen wurde nur bis zu diesem Wert von ϑ durchgeführt.

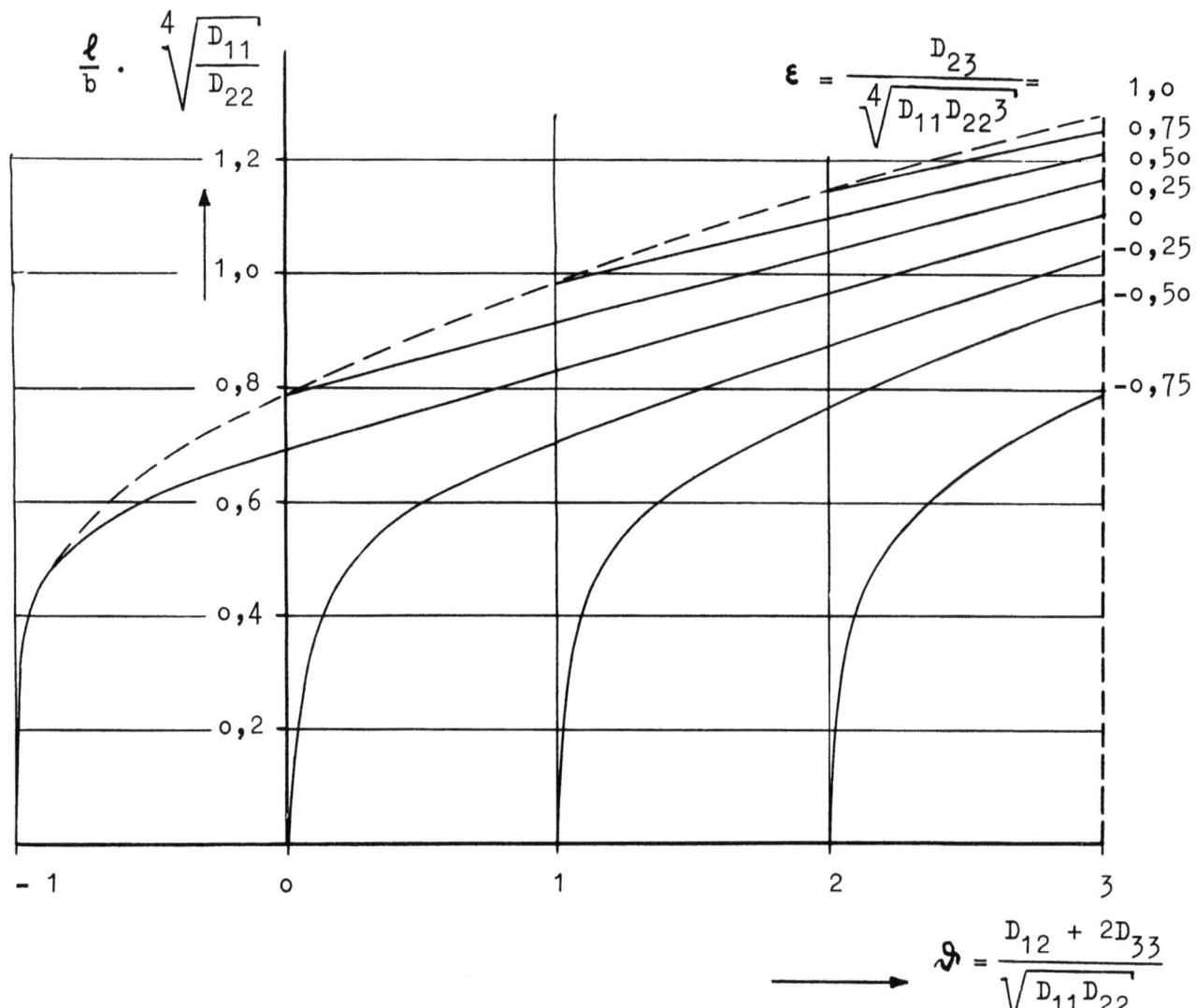

Abbildung 12

Halbwellenlängen bei Schubbeulung eingespannter
anisotroper Plattenstreifen ($\varepsilon_1 = \varepsilon_2 = \varepsilon$)

4. Anwendungen der Ergebnisse der Beultheorie

Die Ergebnisse des Abschnittes 3 sollen im folgenden Anwendung auf Beispiele anisotroper Platten finden.

4.1 Beullasten orthotroper Sperrholzstreifen

Ein wichtiges anisotropes Baumaterial ist Holz. Um die starke Anisotropie des Holzes zu verringern, werden durch Verleimen dünner Holzfurniere, deren Faserrichtung gegeneinander geneigt ist, Sperrholzplatten hergestellt. Am häufigsten wird orthogonales Sperrholz verwendet, bei welchem die Faserrichtung der einzelnen Furniere um 90° gegeneinander gedreht ist.

Die Elastizitätskoeffizienten derartiger Sperrholzplatten müssen im allgemeinen durch Versuche bestimmt werden. In [7] und an diese Arbeit anschießend auch in [17] werden Verfahren zur Messung der sechs Elastizitätskoeffizienten bzw. Biegesteifigkeiten anisotroper Platten angegeben.

Für orthogonales Sperrholz ist es jedoch auch möglich, die Elastizitätskoeffizienten in Abhängigkeit vom Aufbau des Sperrholzes auf rechnerischem Wege zu finden, wenn die vier Elastizitätskoeffizienten für die Hauptsteifigkeitsrichtungen eines Furniers bekannt sind. Messungen von HERTEL [18] ergeben für Birkenfurniere im Mittel:

$$a^*_{11} = 180\,000 \text{ kg/cm}^2; \quad a^*_{22} = 5\,000 \text{ kg/cm}^2$$

$$a^*_{12} = 2\,250 \text{ kg/cm}^2; \quad a^*_{33} = 7\,000 \text{ kg/cm}^2$$

HERTEL fand weiter, daß sich durch Verleimung der Elastizitätskoeffizient a^*_{33} auf im Mittel

$$a^*_{33} = 10\,500 \text{ kg/cm}^2$$

erhöht, während die übrigen Koeffizienten nur wenig beeinflußt werden. Man erkennt aus diesen Zahlen die sehr ausgeprägte Anisotropie des unversperrten Furniers.

Aus diesen Elastizitätskoeffizienten des Furniers können die Elastizitätskoeffizienten für die Hauptsteifigkeitsachsen orthotroper Sperrholzplatten, die aus Furnieren gleicher Dicke aufgebaut sind, ermittelt werden [7]. Es ist dabei zu beachten, daß wegen des inhomogenen Aufbaus der Sperrholzplatten die Verzerrungen der Platte in ihrer Ebene durch andere Elastizitätskoeffizienten bestimmt werden als die Biege- bzw. Verdrehdeformationen der Platte, wie sie beim Ausbeulvorgang auftreten. Die rechnerische Ermittlung der für den zweiten Fall geltenden Elastizitätskoeffizienten ergab folgende Werte [7]:

Anzahl der Furniere	a^*_{11} kg/cm^2	a^*_{22} kg/cm^2	a^*_{12} kg/cm^2	a^*_{33} kg/cm^2
1	180 000	5 000	2 250	7 000
3	173 500	11 500	2 250	10 500
5	143 600	41 400	2 250	10 500
7	129 500	55 500	2 250	10 500
11	116 200	68 800	2 250	10 500
	92 500	92 500	2 250	10 500

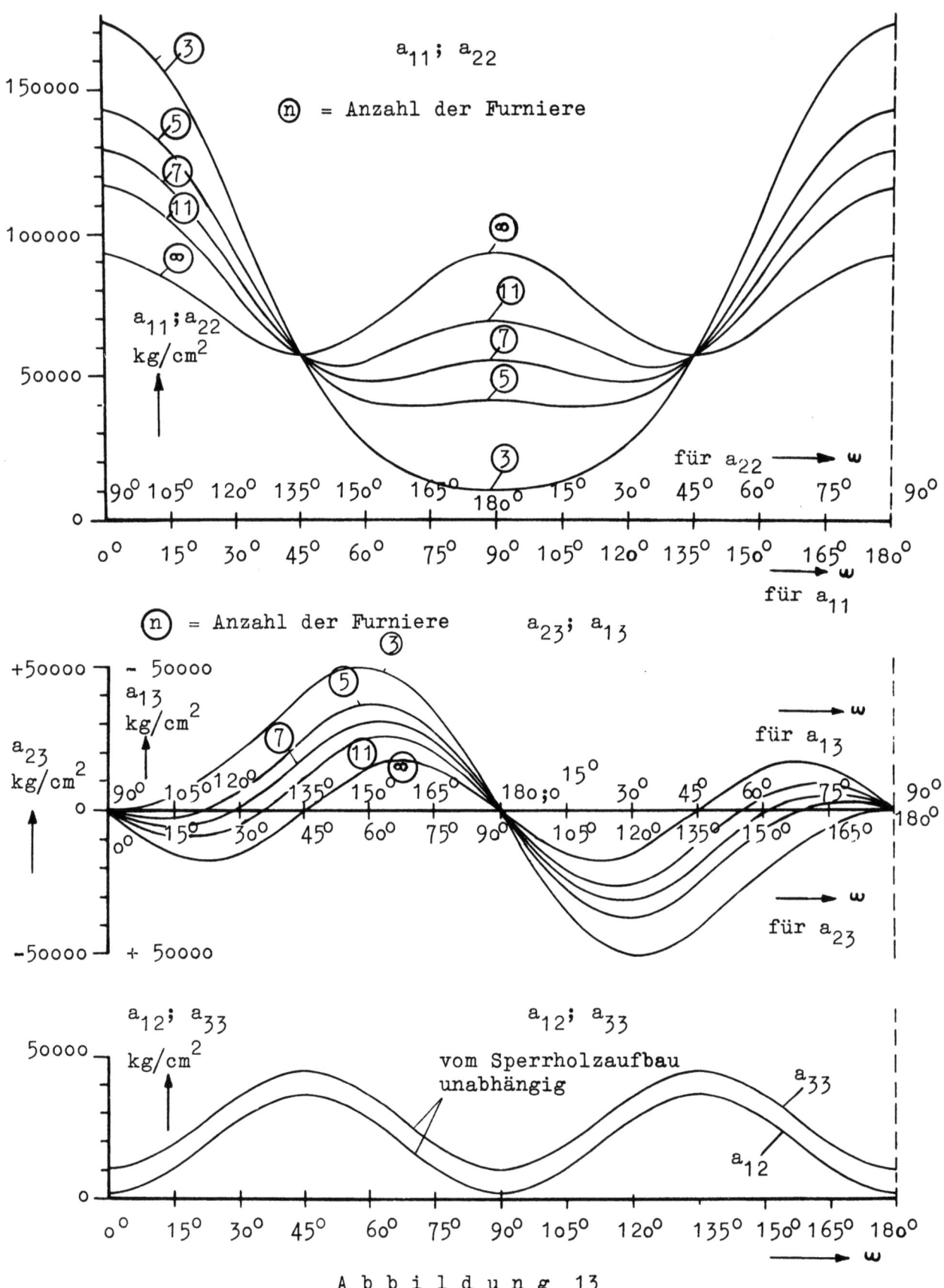

Abbildung 13

Elastizitätskoeffizienten a_{ik} orthotroper Sperrholzplattenstreifen verschiedener Furnierzahl

Die Biegesteifigkeitskoeffizienten D_{ik}^* der Sperrholzplatten ergeben sich durch Multiplikation der Elastizitätskoeffizienten a_{ik}^* mit $t^3/12$ [3)].
Die Abhängigkeit der sechs Elastizitätskoeffizienten a_{ik} von Sperrholzplatten von dem Transformationswinkel ω des gegen das Hauptsteifigkeitsachsensystem gedrehten Koordinatensystems wurde mit Hilfe der Gleichung (19) ermittelt und in Abbildung 13 dargestellt. Für die Hauptsteifigkeitsachsen der orthotropen Sperrholzplatten verschwinden die Koeffizienten a_{13} und a_{23}.

4.11 Druckbeulspannungen orthotroper Sperrholzplatten

Mit den in Abbildung 13 dargestellten Elastizitätskoeffizienten a_{ik} können die Druckbeulspannungen von Sperrholzstreifen, deren Faserrichtung unter Winkeln ω von $0°$ - $180°$ gegen die Plattenränder geneigt sind, ermittelt werden.

Die beiden in die Untersuchung eingehenden Kennwerte ϑ^* und ε_1^* der Sperrholzplatten können für jeden Winkel ω mit Hilfe der Gleichungen (27) bis (29) und (31) bestimmt werden. Aus dem Diagramm, Abbildung 7, wird dann für diese beiden Kennwerte die reduzierte Beullast $n_{\bar{x}}$ abgelesen und daraus die Beullast $N_{\bar{x}}$ bzw. die Beulspannung $\sigma_{\bar{x}}$ des Sperrholzplattenstreifens gefunden.

Abbildung 14 zeigt die so ermittelten Druckbeulspannungen von orthotropen Sperrholzplattenstreifen verschiedener Furnierzahl in Abhängigkeit vom Neigungswinkel ω der Faserrichtung gegen die momentenfrei gelagerten Plattenränder für den Bereich $\omega = 0°$ - $180°$.

Wegen der zur Längsachse des Plattenstreifens vorhandenen Symmetrie der Druckbelastung sind die Beulspannungen zu $\omega = 90°$ symmetrisch. Abbildung 14 läßt erkennen, daß die Beulspannungen für längs- und quergefaserte

---

[3.] Von einigen Autoren, z.B. [10] und [11], sind zur Ermittlung der Beulspannungen von Sperrholzplatten, Elastizitätskoeffizienten verwendet worden, die aus Zugversuchen gefunden wurden (z.B. $a_{11}^* = 120000$ kg/cm^2 $a_{22}^* = 60000$ kg/cm^2 für dreischichtiges Sperrholz). Wegen des inhomogenen Aufbaus der Sperrholzplatten müssen jedoch zur Ermittlung der Beulspannungen Elastizitätskoeffizienten benutzt werden, die aus Biegeversuchen gefunden wurden (z.B. $a_{11}^* = 173500$ kg/cm^2 und $a_{22}^* = 11500$ kg/cm^2 für dreischichtiges Sperrholz). Das Verhältnis der Koeffizienten a_{11}^*/a_{22}^* ist im ersten Fall 2, im zweiten Falle 15. Die mit den erstgenannten Koeffizienten errechneten Beulspannungen dreischichtiger Sperrholzplatten müssen naturgemäß stark von wirklichen - etwa durch Versuch zu bestimmenden - Beulspannungen abweichen.

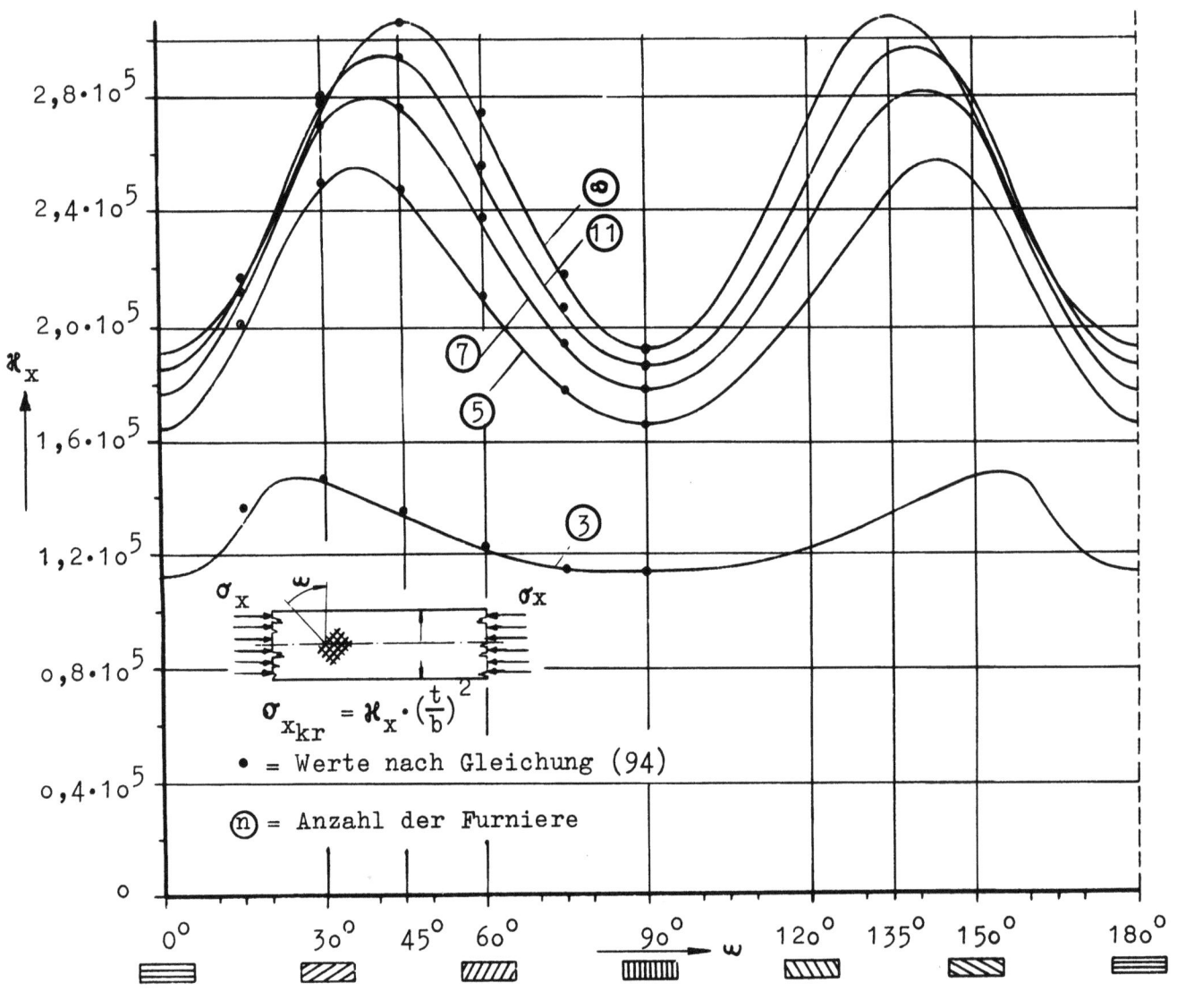

Abbildung 14

Druckbeulspannungen momentenfrei gelagerter orthotroper Sperrholzplattenstreifen

Sperrholzstreifen ($\omega = 0°$ und $\omega = 90°$) gleich groß sind und für schräggefaserte Sperrholzstreifen (ω zwischen $0°$ und $90°$) gegenüber diesen Werten ansteigen.

In Abbildung 14 sind zum Vergleich die Druckbeulspannungen eingetragen, die aus der einfachen Näherungsbeziehung (94) ermittelt wurden. Man erkennt, daß diese um nicht mehr als 1,5 % von den exakten Werten abweichen.

4.12 Schubbeulspannungen orthotroper Sperrholzstreifen

Die Schubbeullasten $N_{\overline{xy}}$ bzw. die Schubbeulspannungen $\tau_{\overline{xy}}$ orthotroper Sperrholzstreifen können unter Verwendung der in Abbildung 13 dargestellten

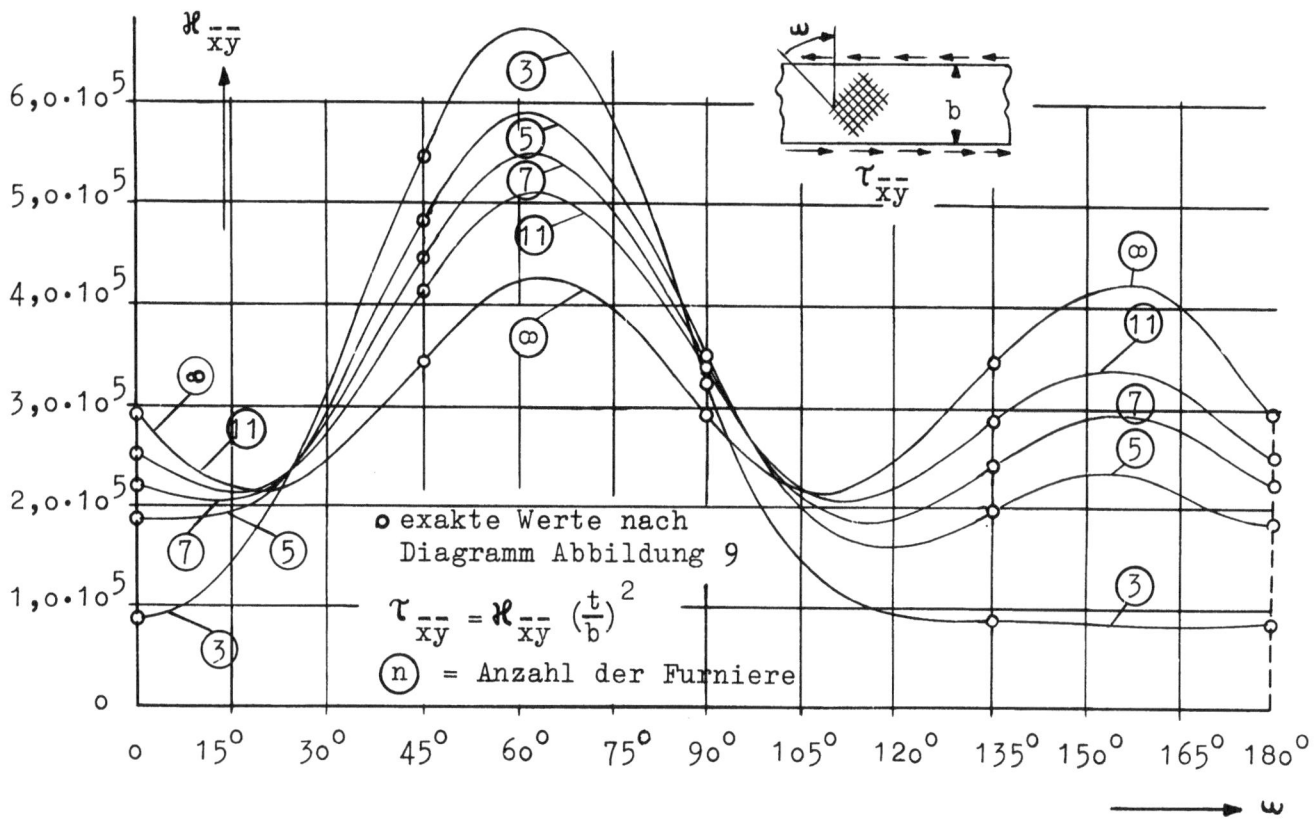

Abbildung 15

Schubbeulspannungen momentenfrei gelagerter
orthotroper Sperrholzplattenstreifen

Elastizitätskoeffizienten in Abhängigkeit vom Faserwinkel ω nach dem in Abschnitt 3.4 angegebenem Verfahren ermittelt werden.

In die Ermittlung gehen die aus den Elastizitätskoeffizienten gebildeten Plattenkennwerte ϑ, ε_1 und ε_2 ein. Sie werden aus den Beziehungen (28) und (29) bestimmt.

Dem Diagramm Abbildung 9 werden exakte Schubbeulspannungen der Sperrholzplattenstreifen für $\omega = 0°$, $45°$, $90°$, $135°$ und $180°$ entnommen. Sie sind in Abbildung 15 in Abhängigkeit von der Furnierzahl der Platte dargestellt. Die Beulspannungen von Sperrholzplattenstreifen, deren Faserrichtungsneigung ω gegen die Plattenränder zwischen den oben genannten Winkeln liegt - und deren Kennwerte im allgemeinen die dem Diagramm Abbildung 9 zugrunde liegende Bedingung $\varepsilon_1 = \varepsilon_2$ nicht erfüllen - sind näherungsweise ebenfalls aus diesem Diagramm ermittelt und in Abbildung 15 eingetragen.

Diese Näherungswerte sind in guter Übereinstimmung mit Näherungswerten, die mit Hilfe eines Energieverfahrens ermittelt wurden [7]. Zur Nachprüfung

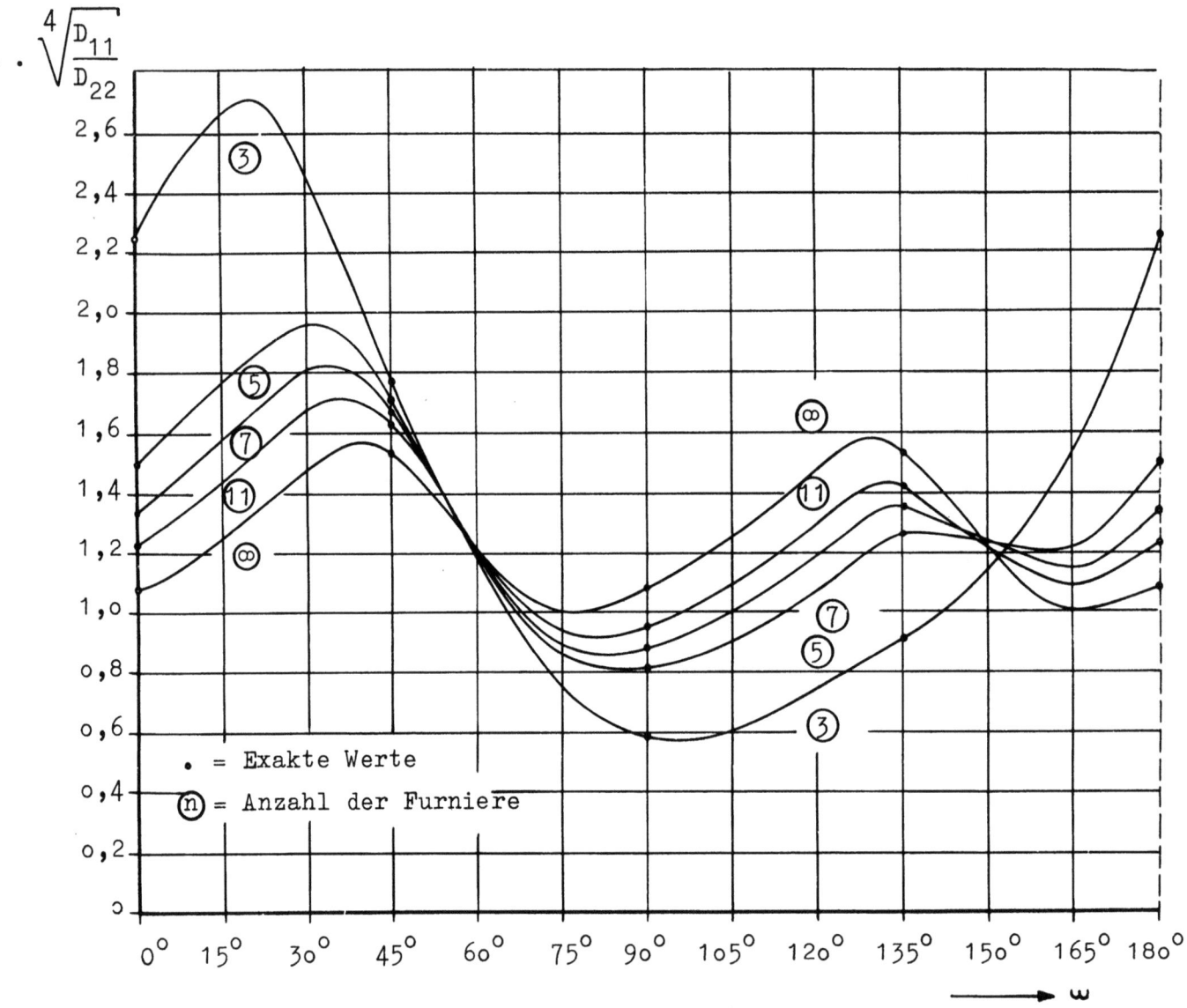

Abbildung 16

Halbwellenlängen bei Schubbeulung momentenfrei gelagerter orthotroper Sperrholzplattenstreifen

der Genauigkeit der Näherungswerte wurde für den dreischichtigen Sperrholzstreifen mit der Faserrichtungsneigung $\omega = 60°$ die exakte Schubbeulspannung nach dem in Abschnitt 3.4 angegebenen Verfahren ermittelt. Die Differenz in den Beulspannungen ergab sich zu $\sim 1\%$.

Wegen der Unsymmetrie der belastenden Schubkräfte sind die Beulspannungen nicht mehr symmetrisch zu $\omega = 90°$. Abbildung 15 zeigt deutlich die starke Abhängigkeit der Schubbeulspannungen vom Faserrichtungswinkel ω. Man erkennt, daß durch geeignete Anordnung der Faserrichtung zu der Richtung der angreifenden Schubkräfte (siehe Skizze in Abb. 15) ein beträchtlicher

Gewinn an Beulfestigkeit des orthotropen Plattenstreifens erzielt werden kann. Für eine dreischichtige Sperrholzplatte ist die maximal erreichbare Schubbeulspannung, die bei einem Faserneigungswinkel von etwa $\omega = 60°$ vorhanden ist, etwa das Zehnfache der minimalen Beulspannung, die bei etwa $\omega = 150°$ auftritt. Mit wachsender Furnierzahl, d.h. mit Verringerung der Anisotropie der Platten gleichen sich die Beulspannungen für die verschiedenen Neigungswinkel einander an.

Abbildung 16 zeigt die entsprechenden Halbwellenlängen für den gleichen Belastungsfall und die gleichen Randbedingungen. Man erkennt auch hier die starke Auswirkung der Anisotropie auf die Wellenlänge, insbesondere bei dreischichtigem Sperrholz.

4.2 Beullasten schiefwinklig versteifter Plattenstreifen

Platten mit schiefwinklig zueinander angeordneten Versteifungen bilden häufig Konstruktionselemente von Pfeilflügeln.

Abbildung 17 zeigt einen Plattenstreifen, der aus einer homogenen isotropen Grundplatte konstanter Dicke besteht, die ein System von Längs- und Querversteifungen trägt. Die Längsversteifungen laufen parallel zu den Rändern der Platte, während die Querversteifungen schief zu den Rändern angeordnet sind. Die Achsen des in Abbildung 17 eingezeichneten schiefwinkligen Koordinatensystems x,y mögen mit den Richtungen der Längs- und Querversteifungen zusammenfallen. Der konstante Abstand der als torsionsweich angenommenen Versteifungsprofile sei in x-Richtung mit a_x und in y-Richtung mit a_y bezeichnet; die Versteifungsprofile seien symmetrisch

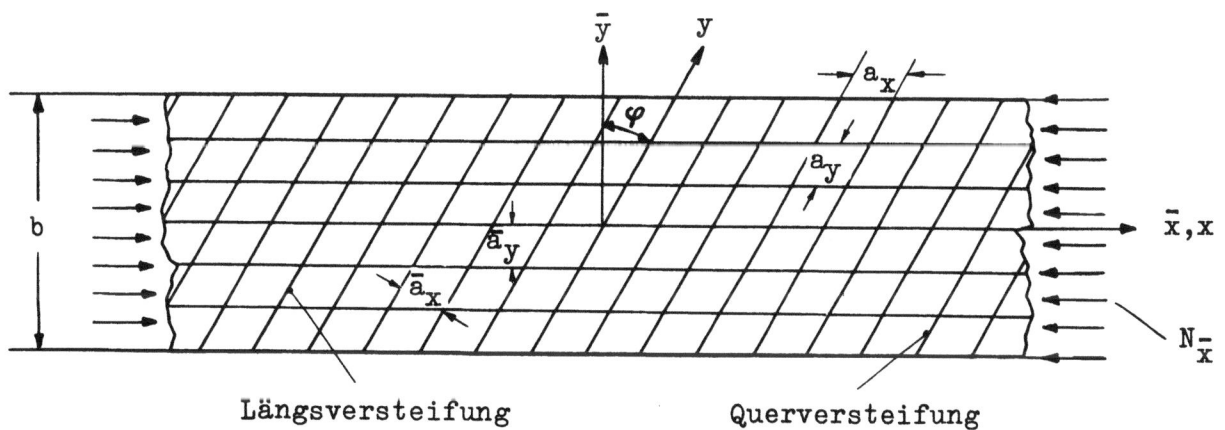

A b b i l d u n g   17

Schiefwinklig versteifter anisotroper Plattenstreifen

zur Mittelebene der Grundplatte angeordnet [4]) und mögen die Biegesteifigkeiten EJ_x bzw. EJ_y besitzen.

Die eng versteifte Platte kann in guter Näherung als anisotrope Platte behandelt werden, wenn die Schubverbindung zwischen Grundplatte und Versteifungen als starr angesehen werden kann. Die Biegesteifigkeitskoeffizienten der äquivalenten anisotropen Platte können aus den Steifigkeitswerten der Elemente bestimmt werden, aus denen die versteifte Platte aufgebaut ist: Die Steifigkeitskoeffizienten der isotropen Grundplatte im schiefwinkligen Koordinatensystem x,y sind durch (24) gegeben. Die Versteifungen in x-Richtung tragen zur Biegesteifigkeit der anisotropen Platte in x-Richtung den Anteil $\frac{EJ_x}{a_x}$ (pro Längeneinheit) und die Versteifungen in y-Richtung zur Biegesteifigkeit der anisotropen Platte in y-Richtung den Anteil $\frac{EJ_y}{a_y}$ bei. Einen Beitrag zur Torsionssteifigkeit in diesen beiden Richtungen liefern die als torsionsweich vorausgesetzten Profile nicht.

Die Biegesteifigkeitskoeffizienten B_{ik} der äquivalenten anisotropen Platte für das mit den Richtungen der Versteifungen zusammenfallende schiefwinklige Koordinatensystem x,y können dann in der Form angeschrieben werden:

$$(102) \quad \begin{aligned} B_{11} &= \frac{t^3}{12} b_{11} + \frac{EJ_x}{a_x} ; & B_{12} &= B_{21} = \frac{t^3}{12} b_{12} ; \\ B_{22} &= \frac{t^3}{12} b_{22} + \frac{EJ_y}{a_y} ; & B_{13} &= B_{31} = \frac{t^3}{12} b_{13} ; \\ B_{33} &= \frac{t^3}{12} b_{33} \end{aligned}$$

wobei die Koeffizienten b_{ik} für die isotrope Grundplatte den Beziehungen (24) entnommen werden können.

Durch eine Transformation können auch die Biegesteifigkeitskoeffizienten D_{ik} der äquivalenten anisotropen Platte im rechtwinkligen Koordinatensystem $\bar{x},\bar{y}$ gefunden werden. Sie nehmen die Form an (Gleichung (103)):

---

4. Untersuchungen über die Wirkung unsymmetrisch angeordneter Versteifungen auf die Stabilität versteifter Platten finden sich bei A. PFLÜGER, Ing. Arch. 16 (1947), S. 111

$$D_{11} = D + \frac{EJ_x}{a_x \cos\varphi} + \frac{EJ_y}{a_y \cos\varphi} \sin^4\varphi$$

$$D_{12} = \nu D + \frac{EJ_y}{a_y \cos\varphi} \sin^2\varphi \cos^2\varphi$$

$$D_{13} = \frac{EJ_y}{a_y \cos\varphi} \sin^3\varphi \cos\varphi$$

(103)
$$D_{23} = \frac{EJ_y}{a_y \cos\varphi} \sin\varphi \cos^3\varphi$$

$$D_{33} = \frac{1-\nu}{2} D + \frac{EJ_y}{a_y \cos\varphi} \sin^2\varphi \cos^2\varphi$$

$$D_{22} = D + \frac{EJ_y}{a_y \cos\varphi} \cos^4\varphi$$

$$(D_{12} + 2D_{33}) = D + 3 \frac{EJ_y}{a_y \cos\varphi} \sin^2\varphi \cos^2\varphi$$

$$D = \frac{Et^3}{12(1-\nu^2)}$$

Damit sind die sechs Steifigkeitskoeffizienten D_{ik} der anisotropen Platte bekannt, und es können nun mit Hilfe der in den Abschnitten 3.2 und 3.3 angegebenen Verfahren die Druck- und Schubbeullasten des entsprechenden schief versteiften Plattenstreifens ermittelt werden.

4.21 Druckbeullasten schiefwinklig versteifter Plattenstreifen

Die Druckbeullasten schiefwinklig versteifter Plattenstreifen mit momentenfreier Lagerung der Längsränder werden durch Anwendung des Diagramms (Abbildung 7) in einfacher Weise ermittelt.

Mit Hilfe dieses Diagramms soll der Einfluß zweier Größen auf die Stabilität schiefwinklig versteifter Plattenstreifen unter Druckbelastung untersucht werden: des Verhältnisses der Biegesteifigkeiten der Versteifungen zu der Biegefestigkeit der Grundplatte und des Neigungswinkels φ der Querversteifungen zu den Längsversteifungen.

Die Biegesteifigkeiten EJ_x und EJ_y der Versteifungen werden für das hier untersuchte Beispiel gleich groß angenommen, ebenso seien die senkrecht gemessenen Abstände $\bar{a}_x = a_x \cos\varphi$ und $\bar{a}_y = a_y \cos\varphi$ (siehe Abb. 17) der Längs- bzw. Querversteifungen gleich groß.

Beim Vergleich von versteiften Platten mit verschiedenen Neigungswinkeln der Querversteifungen zu den Plattenrändern wird weiterhin unveränderlicher Abstand $\bar{a}_x = \bar{a}_y = \bar{a}$ der Versteifungen vorausgesetzt. Das Gewicht der Platte ist unter dieser Bedingung von der Neigung der Querversteifungen unabhängig.

Für den Sonderfall $\varphi = 0$ (orthotrope Platte) ist die Beullast nach (93)

$$(104) \qquad N_{\bar{x}} = \frac{2\pi^2}{b^2} \left(\sqrt{D_{11} D_{22}} + D_{12} + 2 D_{33} \right).$$

Aus (103) folgt:

$$(105) \qquad \begin{aligned} D_{11} &= D + \frac{EJ_x}{\bar{a}_x} = D + \frac{EJ}{\bar{a}} \\ D_{22} &= D + \frac{EJ_y}{\bar{a}_y} = D + \frac{EJ}{\bar{a}} \\ D_{12} + 2 D_{33} &= D \end{aligned}$$

Führt man noch das Steifigkeitsverhältnis $\alpha = \frac{D\bar{a}}{EJ}$ ein, so läßt sich (104) in den beiden Formen schreiben:

$$(106) \qquad N_{\bar{x}} = \frac{2\pi^2 EJ}{b^2 \bar{a}} (1 + 2\alpha)$$

oder

$$(107) \qquad N_{\bar{x}} = \frac{2\pi^2 D}{b^2} \left(2 + \frac{1}{\alpha} \right)$$

Für $\alpha = 0$ (sehr (∞) große Biegesteifigkeit der Versteifungen gegenüber der Biegesteifigkeit der Grundplatte) kommt aus (106)

$$N_{\bar{x}} = \frac{2\pi^2}{b^2} \frac{EJ}{\bar{a}}$$

Für $\alpha \to \infty$ (isotrope Platte ohne Versteifungen) folgt aus (107)

$$N_{\bar{x}} = \frac{4\pi^2}{b^2} \cdot D.$$

In Abbildung 18 ist das Verhältnis $\varkappa$ der Druckbeullasten eines schiefwinklig versteiften Plattenstreifens zur Beullast des entsprechenden orthotropen Plattenstreifens in Abhängigkeit vom Neigungswinkel φ der Querversteifungen und dem Biegesteifigkeitsverhältnis α als Parameter

$$\alpha = \frac{t^3 \bar{a}}{12(1-\nu^2)J}$$

$$N_{\bar{x}} = \mathcal{H} \frac{EJ}{\bar{a}b^2} 2\pi^2 (1 + 2\alpha)$$
$$\text{für } \alpha < 1$$

$$N_{\bar{x}} = \mathcal{H} \frac{Et^3}{12(1-\nu^2)b^2} 2\pi^2 (2+\frac{1}{\alpha})$$
$$\text{für } \alpha > 1$$

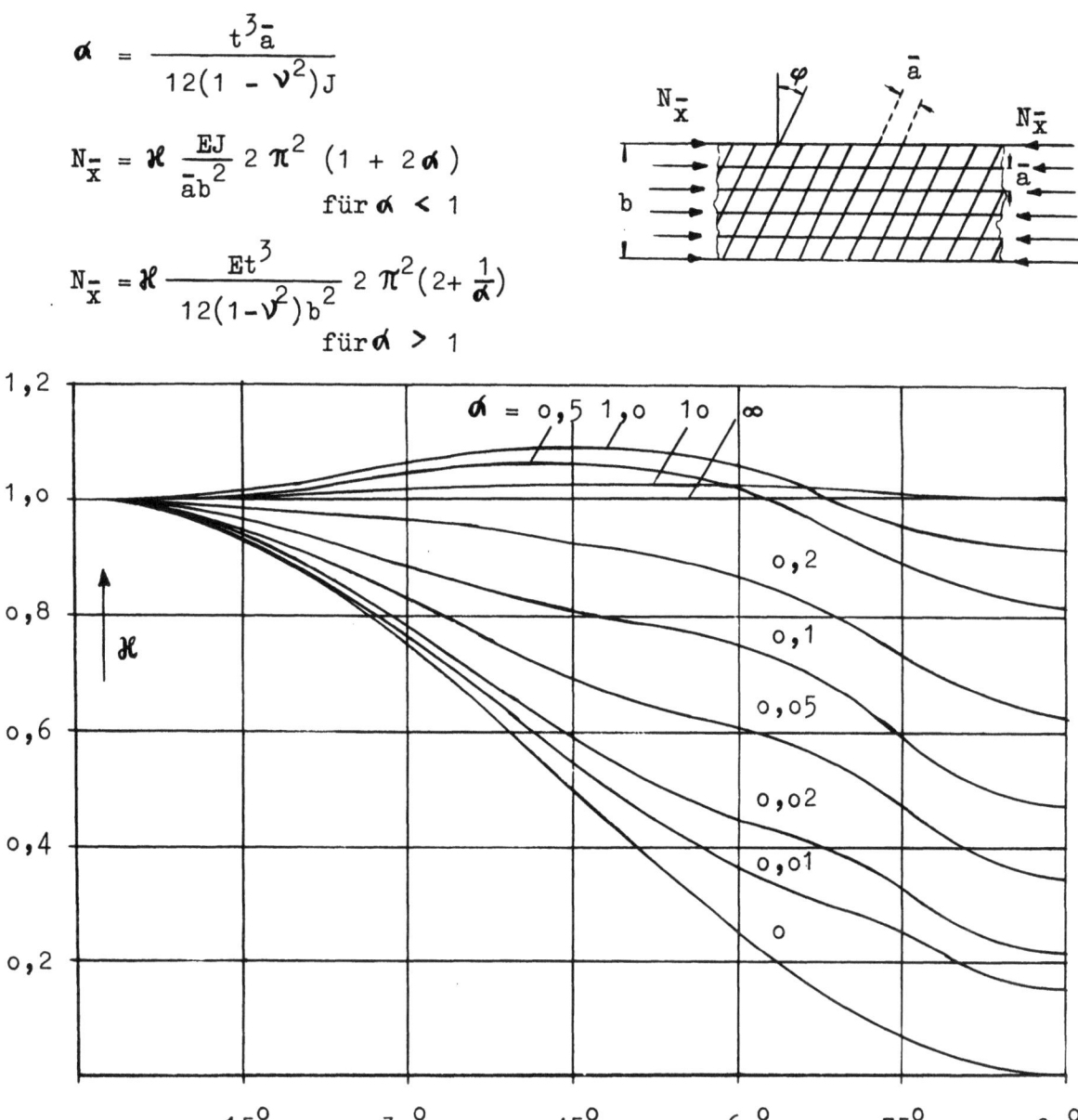

Abbildung 18

Druckbeullasten schiefwinklig versteifter anisotroper Plattenstreifen

dargestellt. Für kleine Werte des Parameters α ist es zweckmäßig, die Druckbeullast des schiefwinklig versteiften Plattenstreifens aus der Beziehung

(108) $$N_{\bar{x}} = \mathcal{H} \frac{EJ}{\bar{a}b^2} 2\pi^2 (1+2\alpha)$$

und für große Werte von α aus der Beziehung

(109) $$N_{\bar{x}} = \mathcal{H} \cdot \frac{D}{b^2} 2\pi^2 (2+\frac{1}{\alpha})$$

zu ermitteln.

Man erkennt, daß für kleine Werte von α - also bei im Vergleich zur Grundplatte sehr biegesteifen Versteifungen - der Abfall der Beullast gegenüber der Beullast des entsprechenden orthotropen Plattenstreifens mit wachsendem Neigungswinkel φ der Querversteifungen beträchtlich ist. Bei $\varphi = 45°$ ist die Beullast etwa die Hälfte des Wertes für $\varphi = 0$. Mit steigenden Werten von α wird der Abfall der Beullast geringer und für etwa $\alpha \cong 0,3$ wird in dem praktisch interessierenden Bereich von $\varphi \cong 0\text{-}60°$ die Beullast nahezu unabhängig von der Neigung der Querversteifungen.

Für Werte $\alpha > 0,3$ steigt die Beullast im Bereich von $\varphi = 0 + 60°$ über die des orthotropen Plattenstreifens hinaus. Der Maximalwert des Beullastverhältnisses ist $\varkappa = 1,085$ bei etwa $\alpha = 5,0$. Werte von $\alpha > 1,0$ dürften jedoch kaum praktische Bedeutung haben.

Eine einfache Beziehung für die Abhängigkeit der Druckbeullast eines schiefwinklig versteiften Plattenstreifens von der Neigung φ der Querversteifungen läßt sich noch für den Fall angeben, daß die Biegesteifigkeit der Versteifungen sehr (∞) groß ist im Verhältnis zur Biegesteifigkeit der Grundplatte ($\alpha \to 0$).

Für dieses Steifigkeitsverhältnis fallen die Koordinatenachsen der speziellen Transformation (25) mit den Richtungen der Versteifungen zusammen (was im allgemeinen nicht der Fall ist), denn nach Gleichung (25) und (103) ist (da wegen $\alpha \to 0$ $D \to 0$)

$$\operatorname{tg} \varphi^* = \frac{D_{23}}{D_{22}} = \operatorname{tg} \varphi.$$

Die für die Anwendung des Diagramms (Abb. 7) benötigten Steifigkeitskoeffizienten B_{ik}^* sind dann mit den B_{ik} nach (102) identisch. Wegen der über das Steifigkeitsverhältnis getroffenen Annahme ($b_{ik} \to 0$ wegen $\alpha \to 0$) verschwinden die B_{ik} mit Ausnahme von

$$B_{11} = \frac{EJ_x}{a_x} \quad \text{und} \quad B_{22} = \frac{EJ_y}{a_y}.$$

Damit wird die Beullast des schiefwinklig versteiften Plattenstreifens nach Gleichung (92) mit $\vartheta^* = 0$

$$n_{\bar{x}} = \frac{\pi^2}{2}$$

bzw.

(110) $\quad N_{\bar{x}} = \frac{2\pi^2}{b^2} \sqrt{B_{11} B_{22}} \cos\varphi = \frac{2\pi^2}{b^2} E \cdot \sqrt{\frac{J_x}{a_x} \cdot \frac{J_y}{a_y}} \cos\varphi$

oder mit den senkrecht gemessenen Abständen $\bar{a}_x$ und $\bar{a}_y$ der Versteifungen

(111) $$N_{\bar{x}} = \frac{2\pi^2}{b^2} E \cdot \sqrt{\frac{J_x}{\bar{a}_x} \cdot \frac{J_y}{\bar{a}_y}} \cos^2\varphi$$

(109) entspricht der in Abbildung 17 eingezeichneten Kurve $\alpha = 0$ für den Sonderfall

$$\frac{J_x}{\bar{a}_x} = \frac{J_y}{\bar{a}_y}.$$

5. Zusammenfassung

Die Beullasten anisotroper Plattenstreifen, an deren momentenfrei gelagerten oder eingespannten Rändern gleichmäßig verteilte Druck- bzw. Schubkräfte angreifen, werden mit Hilfe exakter Methoden ermittelt. Für den Fall reiner Druckbelastung gelingt es, die Beullasten des beliebig-anisotropen Plattenstreifens in Abhängigkeit von nur zwei Steifigkeitskennwerten der anisotropen Platte in allgemeiner Form in einem Diagramm darzustellen. Für den Fall reiner Schubbelastung werden die Beullasten für eine Gruppe speziell-anisotroper Plattenstreifen ebenfalls in Abhängigkeit von zwei Kennwerten der Platten angegeben.

Die Ergebnisse der Beultheorie werden auf Beispiele anisotroper Platten, wie Sperrholzplattenstreifen und schiefversteifte Plattenstreifen angewendet.

Eine Untersuchung über die Grenzen des Existenzbereiches der Steifigkeitskennwerte anisotroper Platten wurde durchgeführt.

Dr.-Ing. Wilhelm THIELEMANN, Hamburg

6. Literaturverzeichnis

[1] HUBER, M.T. — Probleme der Statik technisch wichtiger orthotroper Platten. Warschau 1929

[2] BERGMANN, St. und H. REISSNER — Neuere Probleme aus der Flugzeugstatik. Z.Flugtechn.Motorsch. 23 (1932), S. 6

[3] SEYDEL, E. — Beitrag zur Frage des Ausbeulens von versteiften Platten bei Schubbeanspruchung. Luftf.-Forschg. 8 (1930), S. 71

[4] SOUTHWELL, R.V. und S.W. SKAN — On the Stability under Shearing Forces of a Flat Elastic Strip. Proc.Roy.Soc. London Ser. A 105

[5] SMITH, R.C.T. — The Buckling of Plywood Plates in Shear. Austr. Council Aeronaut. Report ACA-29, (Oct. 1946)

[6] CHWALLA, E. — Ansprache und Vortrag anläßlich der Ehrenpromotion an der Techn.Univers. Berlin-Charlottenburg. Veröffentl. d. Deutsch.Stahlb.Verb. 3/54, Köln 1954

[7] THIELEMANN, W. — Contribution to the Problem of Buckling of orthotropic Plates, with special Reference to Plywood Plates. NACA-TM Nr.1263 (Aug. 1950)

[8] GREEN, A.E. und R.F.S. HEARMON — The Buckling of Flat Rectangular Plywood Plates. Phil.Magazine, Ser. 7, XXXVI p. 650, (Oct. 1945)

[9] FREIBERGER, W., F.S. SHAW, J.P.O. SILBERSTEIN und R.C.T. SMITH — Plywood Panels in End Compression. Austr. Council Aeronaut. Report ACA-30, (Jan. 1947)

[10] DRÜCKLER, F. — Zur Beulung des gekrümmten Plattenstreifens bei beliebiger orthogonaler Anisotropie. Diss. T.H. Hannover 1953

[11] MÜLLER-MAGYARI, F.   Beiträge zur Zugfeldttheorie dünnwandiger Plattenstreifen. Österr. Ing. Arch. (1948), S. 22

[12] BENTHEM, J.P.   On the Stress Analysis of Swept Wings. Nat. Luchtv.-Lab. Ber. S. 405. Amsterdam 1952

[13] HEMP, W.S.   On the Application of Oblique Coordinates to Problems of Plane Elasticity and Swept-Back Wing Structures. The College of Aeronautics, Cranfield. Report No. 31, (Jan. 1950)

[14] ZIEGLER, H.   Die Stabilitätskriterien der Elastomechanik. Ing.Arch. 20 (1952), S. 49

[15] ZURMÜHL, R.   Matrizen. Berlin 1950

[16] SCHMIEDEN, C.   Das Ausknicken eines Plattenstreifens unter Schub- und Druckkräften. Z. angew. Math. Mech. Bd. 15 (1935), S. 278

[17] HEARMON, R.F.S. und A. ADAMS   The Bending and Twisting of Anisotropic Plates. Brit. Journ. Appl. Phys. 3 (1952), S. 150

[18] HERTEL, H.   Die Schubmodule von Furnier und Sperrholz. Luftf.-Forschg. Bd. 9 (1932), S. 135

7. Anhang

7.1 Über den Existenzbereich der Kennwerte anisotroper Platten

Die im Abschnitt 2.6 abgeleiteten Bedingungen für die Existenz anisotroper Platten konnten mit Hilfe der vier in Abschnitt 2.5 definierten Kennwerte ν, ϑ, ε_1 und ε_2 in der Form geschrieben werden:

$$(A\ 1)\quad \Delta_2 = 1 - \nu^2 \geq 0; \quad \Delta_3 = \frac{\vartheta - \nu}{2}(1 - \nu^2) - \varepsilon_1^2 - \varepsilon_2^2 + 2\nu\varepsilon_1\varepsilon_2 \geq 0$$

Anisotrope Platten, deren Kennwerte diese Bedingungen nicht erfüllen, sind in einem instabilen Gleichgewichtszustand. Die Grenzbedingung $\Delta_3 = 0$ kann, wenn man ν als Parameter auffaßt, der wegen $\Delta_2 \geq 0$ auf die Zahlenwerte $|\nu| \leq 1$ beschränkt ist, als eine Schar von elliptischen Paraboloiden in den Koordinaten ϑ, ε_1 und ε_2 dargestellt werden, die ihrerseits von einer Hüllfläche umschlossen ist.

Die Gleichung der Hüllfläche wird durch Nullsetzen der Ableitung der Gleichung der Flächenschar $\Delta_3(\nu, \vartheta, \varepsilon_1, \varepsilon_2) = 0$ nach ν ermittelt. Aus $\frac{\partial \Delta_3}{\partial \nu} = 0$ folgt:

$$(A\ 2)\quad \nu = \frac{1}{3}\vartheta - \sqrt{\frac{1}{9}\vartheta^2 + \frac{1}{3}(1 - 4\varepsilon_1\varepsilon_2)},$$

Führt man ν in $\Delta_3 = 0$ ein, so folgt die Gleichung für die Hüllfläche in den Koordinaten ϑ, ε_1 und ε_2:

$$(A\ 3)\quad \begin{aligned} F(\vartheta, \varepsilon_1, \varepsilon_2) = &\ 64\varepsilon_1^3\varepsilon_2^3 + 27(\varepsilon_1^4 + \varepsilon_2^4) - 36\vartheta\varepsilon_1\varepsilon_2(\varepsilon_1^2 + \varepsilon_2^2) \\ &- \varepsilon_1^2\varepsilon_2^2(4\vartheta^2 - 6) - 18\vartheta(\varepsilon_1^2 + \varepsilon_2^2) + 2\vartheta^3(\varepsilon_1^2 + \varepsilon_2^2) \\ &+ \varepsilon_1\varepsilon_2(20\vartheta^2 + 12) - (1 - \vartheta^2)^2 = 0 \end{aligned}$$

Die Gleichung stellt eine kegelartige Fläche dar, deren Achse mit der ϑ-Achse zusammenfällt und deren Spitze im Punkt $\vartheta = -1$ auf der ϑ-Achse liegt. Sie ist in Richtung zur positiven ϑ-Achse hin geöffnet.

In den Abbildungen 19 - 21 sind die Schnittkurven (stärker ausgezogene Kurven) dargestellt, die durch den Schnitt der Hüllfläche mit den Ebenen $\varepsilon_1 = 0$ bzw. $\varepsilon_2 = 0$, $\varepsilon_1 = \varepsilon_2$ und $\varepsilon_1 = -\varepsilon_2$, welche die ϑ-Achse enthalten,

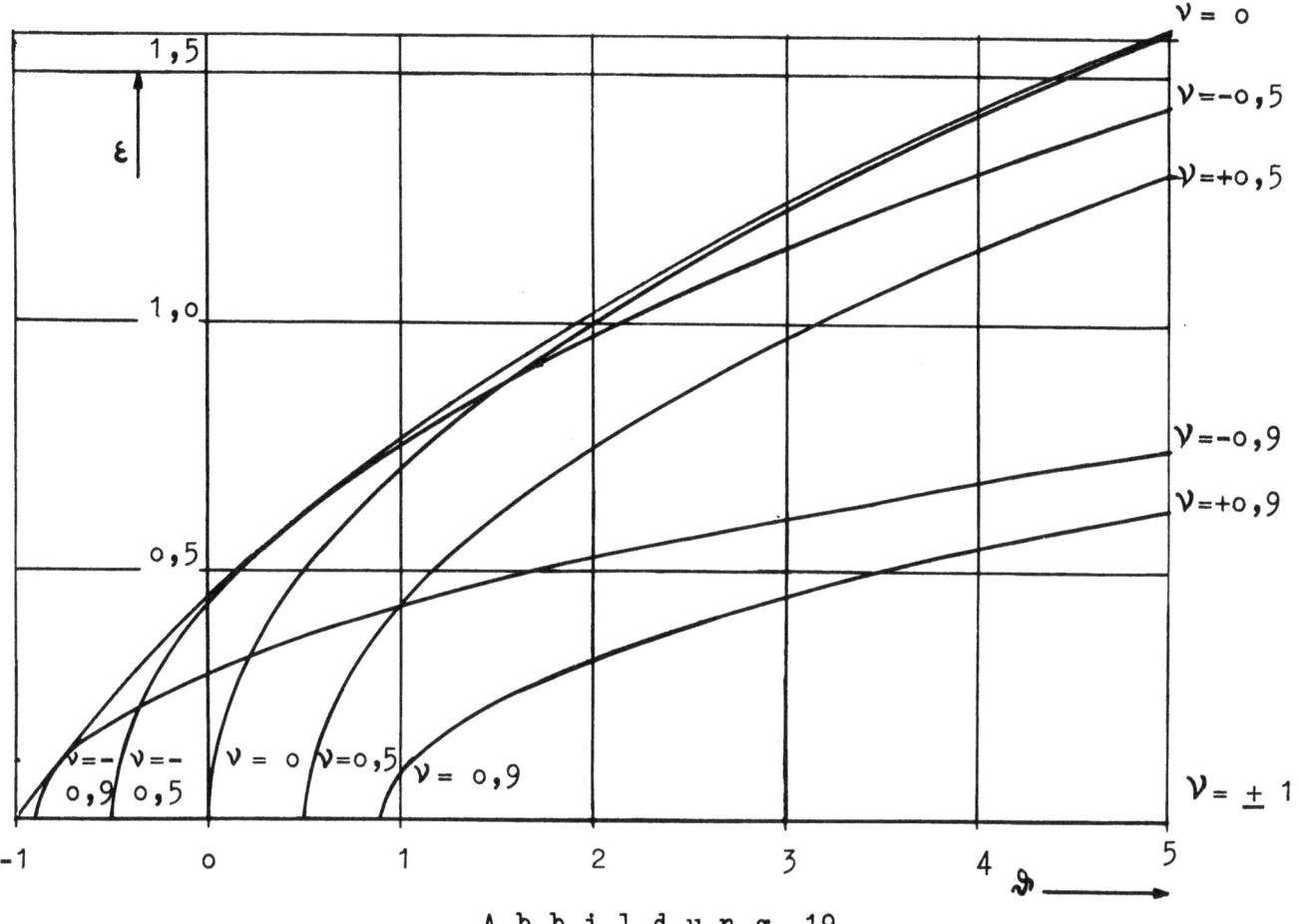

Abbildung 19

Längsschnitt der Ebenen $\varepsilon_1 = 0$, $\varepsilon_2 = \varepsilon$ bzw. $\varepsilon_2 = 0$, $\varepsilon_1 = \varepsilon$
mit der Paraboloidschar

erzeugt werden (die Abbildungen zeigen nur den positiven Teil der zur ϑ-Achse symmetrischen Schnittkurven).

Die elliptischen Paraboloide $\Delta_3 = 0$ mit dem Parameter $|\nu| \leq 1$ stellen sich in den Schnittebenen als Parabeln dar. Man erkennt, daß diese Parabeln von den Schnittkurven der Hüllfläche mit den genannten Ebenen umschlossen werden.

Der von der Hüllfläche $F(\vartheta, \varepsilon_1, \varepsilon_2) = 0$ umschlossene Raum enthält alle Kennwertskombinationen anisotroper Platten, welche die Existenzbedingungen $\Delta_2 \geq 0$ und $\Delta_3 \geq 0$ erfüllen. Anisotrope Platten, deren Kennwertskombinationen außerhalb des von der Hüllfläche umschlossenen Raumes des Existenzbereiches der Kennwerte anisotroper Platten liegen, sind im instabilen Gleichgewichtszustand.

Wie im Abschnitt 2.6 gezeigt wurde, ist es möglich, durch Übergang auf das spezielle schiefwinklige Koordinatensystem (25) die Steifigkeits-

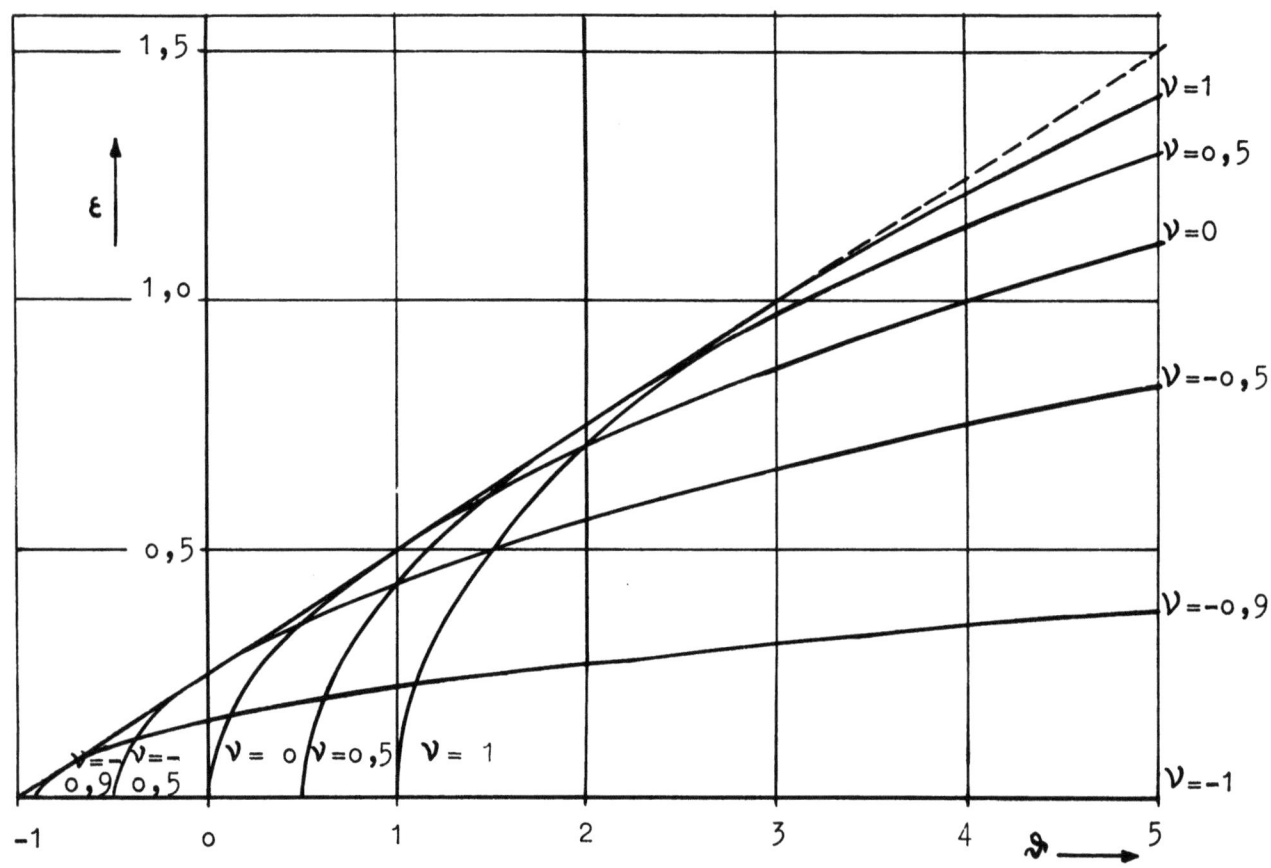

Abbildung 2o

Längsschnitt der Ebene $\varepsilon_1 = \varepsilon_2 = \varepsilon$ mit der Paraboloidschar

eigenschaften anisotroper Platten durch nur zwei Kennwerte ϑ^* und ε_1^* an Stelle der drei Kennwerte ϑ, ε_1 und ε_2 zu kennzeichnen (siehe Gleichung (31)). In diesem Falle transformieren sich die in dem von der Hüllfläche (A 3) umschlossenen Raume liegenden Kennwertetripel (ϑ, ε_1, ε_2) auf Kennwertpaare (ϑ^*, ε_1^*), die in der von der Hüllkurve (4o) umschlossenen Fläche liegen (siehe Abb. 4). Die Darstellung der Beullasten anisotroper Plattenstreifen in Abhängigkeit von nur zwei Kennwerten (ϑ^*, ε_1^*) hat sich im Falle reiner Druckbelastung als möglich erwiesen.

Im Falle reiner Schubbelastung müssen die Beullasten jedoch in Abhängigkeit von drei Steifigkeitsparametern angegeben werden, für die man zweckmäßigerweise die drei Kennwerte (ϑ, ε_1, ε_2) wählt (siehe Abschnitt 3.2).

Die in den Abbildungen 19 - 21 dargestellten Schnittkurven der Hüllfläche (A 3) mit den Ebenen $\varepsilon_1 = 0$ bzw. $\varepsilon_2 = 0$, $\varepsilon_1 = \varepsilon_2$ und $\varepsilon_1 = -\varepsilon_2$ lassen sich durch verhältnismäßig einfache analytische Beziehungen angeben. Für die drei Schnitte folgt aus der Gleichung (A 3) der Hüllfläche:

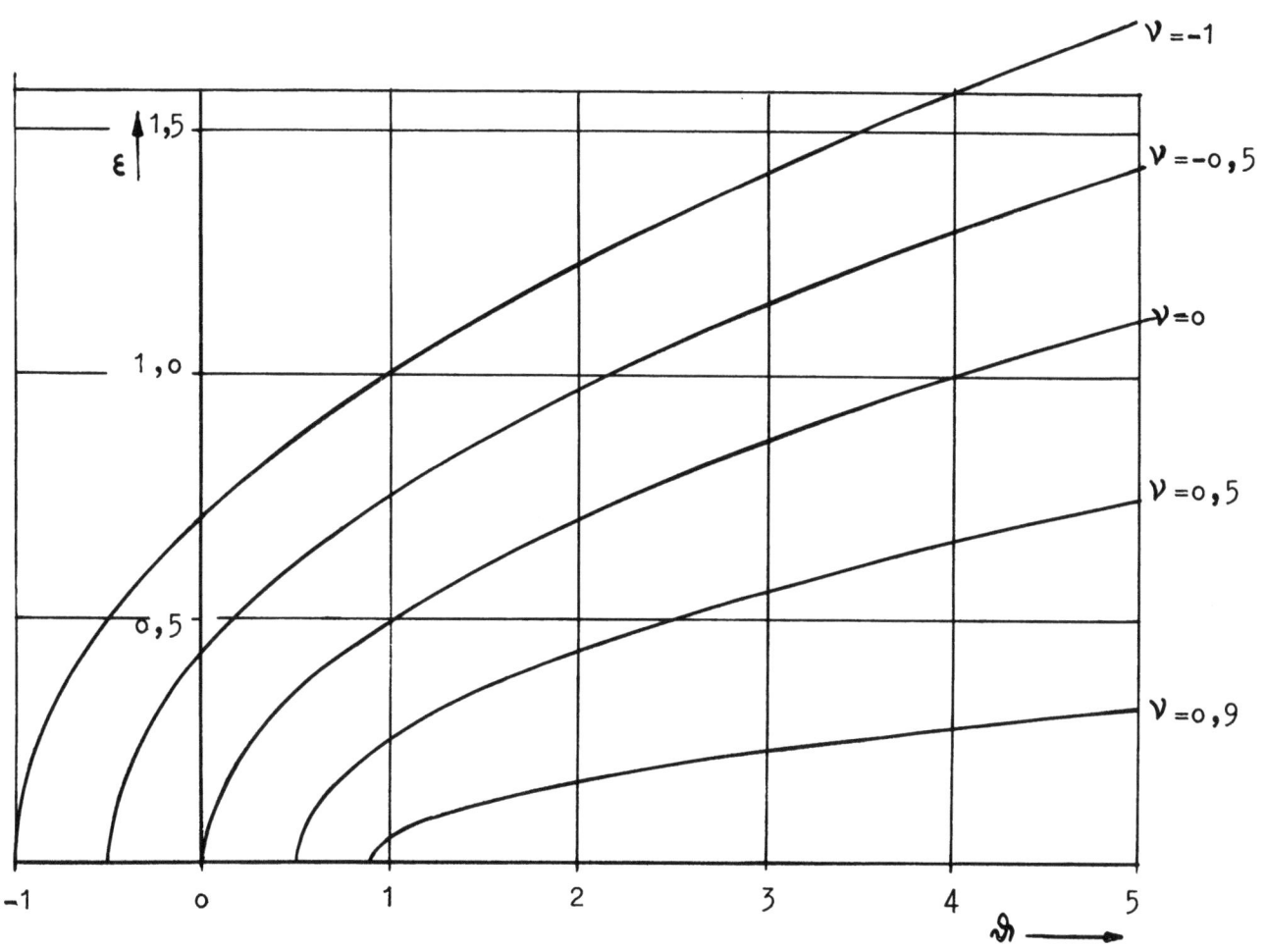

Abbildung 21

Längsschnitt der Ebene $\varepsilon_1 = -\varepsilon_2 = \varepsilon$ mit der Paraboloidschar

1. $$\varepsilon_1 = 0; \quad \varepsilon_2 = \varepsilon$$
    bzw. $$\varepsilon_2 = 0; \quad \varepsilon_1 = \varepsilon$$

(A 4) $\left\{\varepsilon^2 - \frac{1}{27}\left[\vartheta(9-\vartheta^2)+(\vartheta^2+3)^{3/2}\right]\right\}\left\{\varepsilon^2 - \frac{1}{27}\left[\vartheta(9-\vartheta^2)-(\vartheta^2+3)^{3/2}\right]\right\} = 0$

Es läßt sich leicht zeigen, daß nur der in der ersten Klammer stehende Faktor der Gleichung (A 4) eine reelle Funktion darstellt. Die Gleichung der Hüllkurve erscheint daher in der Form:

(A 5) $\qquad \varepsilon^2 - \frac{1}{27}\left[\vartheta(9-\vartheta^2) + (\vartheta^2+3)^{3/2}\right] = 0$

Der Parameter ν nimmt längs der Hüllkurve, wie durch Einsetzen von (A 5) in (A 2) gezeigt werden kann, Werte zwischen $\nu = -1$ und $\nu = 0$ an.

2. $\varepsilon_1 = \varepsilon_2 = \varepsilon$

(A 6) $\qquad \left\{16\,\varepsilon^2 - (\vartheta + 1)^2\right\}\left\{2\,\varepsilon^2 - (\vartheta - 1)\right\}^2 = 0$

Die Gleichung (A 6) ist das Produkt zweier reeller Funktionen. Die erste Funktion stellt zwei Geraden

(A 7) $\qquad \varepsilon = \pm \dfrac{1 + \vartheta}{4}$

dar.

Wie durch Einsetzen von (A 7) in (A 2) nachgeprüft werden kann, nimmt der Parameter ν längs der Geraden von $\vartheta = -1$ bis $\vartheta = 3$ Werte zwischen $\nu = -1$ und $\nu = +1$ an. Für Werte $\vartheta > 3$ ist die Bedingung $|\nu| \leqq 1$ nicht mehr erfüllt.

Die Hüllkurve wird für Werte $\vartheta \geqq 3$ durch die zweite Funktion von (A 6) dargestellt:

(A 8) $\qquad \varepsilon^2 = \dfrac{\vartheta - 1}{2}.$

Längs dieses Teils der Hüllkurve hat ν den Wert $\nu = +1$.

3. $\varepsilon_1 = -\varepsilon_2 = \varepsilon$

(A 9) $\qquad \left\{2\,\varepsilon^2 - (1 + \vartheta)\right\}^2 \cdot \left\{16\,\varepsilon^2 + (\vartheta - 1)^2\right\} = 0$

Nur der erste Faktor von (A 9) stellt eine reelle Funktion dar. Für die Hüllkurve folgt daher:

(A 10) $\qquad \varepsilon^2 = \dfrac{\vartheta + 1}{2}$

Der Parameter ν nimmt in diesem Falle längs der durch die Parabel (A 10) dargestellten Hüllkurve den konstanten Wert $\nu = -1$ an.

Im Abschnitt 3.4 sind die Schubbeullasten anisotroper Plattenstreifen, deren Kennwerte ε_1 und ε_2 die Bedingungen $\varepsilon_1 = \varepsilon_2$ erfüllen, ermittelt worden. Für diese Platten liegt der unter 2. behandelte Fall vor, und ihr Existenzbereich wird durch die in Abbildung 20 dargestellte Hüllkurve begrenzt.

Für orthotrope Platten, deren Hauptsteifigkeitsachsen um $\omega = 45°$ bzw. $135°$ gegen das Koordinatensystem $\bar{x}, \bar{y}$ geneigt sind (und deren Kennwerte die Bedingung $\varepsilon_1 = \varepsilon_2$ erfüllen - s.S. 40/43), kann gezeigt werden, daß der Existenzbereich durch die Begrenzung $-1 \leq \vartheta \leq 3$ noch weiter eingeschränkt ist.

Nach (28) ist $\vartheta = \dfrac{D_{12} + 2D_{33}}{D_{22}}$; führt man mit Hilfe von (19a) die vier Steifigkeitskoeffizienten D_{ik}^* der Hauptsteifigkeitsachsen der orthotropen Platte in ϑ ein, so kommt:

$$(A\ 11) \qquad \vartheta = \frac{3(D_{11}^* + D_{22}^*) - 2(D_{12}^* + 2D_{33}^*)}{D_{11}^* + D_{22}^* + 2(D_{12}^* + 2D_{33}^*)}$$

Die Steifigkeitskoeffizienten D_{ik}^* können unabhängig voneinander Werte zwischen 0 und ∞ annehmen. Für $D_{33}^* \to \infty$ folgt $\vartheta = -1$ und für $D_{33}^* \to 0$ $\vartheta = 3$; $D_{11}^* \to \infty$ oder $D_{22}^* \to \infty$ führt ebenfalls auf $\vartheta = 3$.

In Abbildung 22 ist der Existenzbereich der Kennwerte ϑ und ε_2 orthotroper Platten, deren Hauptsteifigkeitsachsen unter $\omega = 45°$ bzw. $135°$ gegen das Koordinatensystem geneigt sind, dargestellt. Er ist durch die Geraden $\varepsilon_2 = \pm \dfrac{1 + \vartheta}{4}$ und durch die Gerade $\vartheta = 3$ begrenzt.

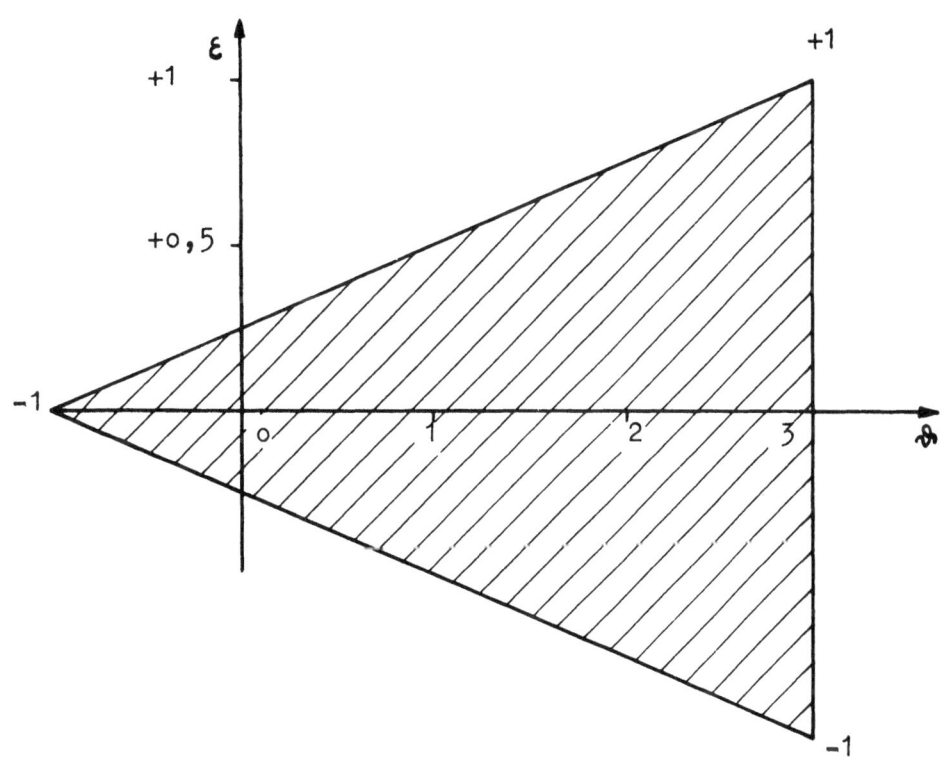

Abbildung 22

Existenzbereich der Kennwerte ϑ und $\varepsilon_1 = \varepsilon_2 = \varepsilon$ orthotroper Platten ($\omega = 45°$ bzw. $135°$)

7.2 Zur Berechnung der Beullasten des anisotropen Plattenstreifens

7.21 Reine Druckbelastung

Zur Ermittlung der Druckbeullasten steht das System der drei Gleichungen (84), (85) und eine der Beulgleichungen (86) bzw. (87) zur Verfügung.

Das Gleichungssystem kann nach einfacher Umformung geschrieben werden:

(A 12)
$$n_{\bar{x}} = \alpha^2 \left[\left(\frac{\mathcal{H}_1}{\alpha}\right)^2 - \frac{(1-\frac{\beta^2}{\alpha^2})(1-\frac{\gamma^2}{\alpha^2})}{\left(\frac{\mathcal{H}_1}{\alpha}\right)^2} \right]$$

(A 13)
$$\frac{\beta^2}{\alpha^2} = -\vartheta^* \cdot \left(\frac{\mathcal{H}_1}{\alpha}\right)^2 + \varepsilon_1^* \left(\frac{\mathcal{H}_1}{\alpha}\right)^3 - 1$$

$$\frac{\gamma^2}{\alpha^2} = -\vartheta^* \cdot \left(\frac{\mathcal{H}_1}{\alpha}\right)^2 - \varepsilon_1^* \left(\frac{\mathcal{H}_1}{\alpha}\right)^3 - 1$$

Man erkennt, daß die Steifigkeitseigenschaften der anisotropen Platte durch die beiden Kennwerte ϑ^* und ε_1^* in die Rechnung eingehen. Für eine vorgegebene Platte stellen ϑ^* und ε_1^* Konstante dar.

Die beiden Größen $\frac{\beta^2}{\alpha^2}$ und $\frac{\gamma^2}{\alpha^2}$ können dann als Funktionen von $\frac{\mathcal{H}_1}{\alpha}$ errechnet und in (A 12) eingesetzt werden; damit ist $n_{\bar{x}}$ als Funktion von α und $\left(\frac{\mathcal{H}_1}{\alpha}\right)$ gegeben.

Die Größe α kann aus einer der beiden Beulgleichungen (86) bzw. (87) bestimmt werden.

Sie lauten umgeformt:

(A 14)
$$\operatorname{tg}\left(2\frac{\beta}{\alpha}\alpha\right) \cdot \mathfrak{T}\mathfrak{g}\left(2\frac{\gamma}{i\alpha}\alpha\right) \frac{1}{1-\frac{\cos 4\alpha}{\cos(2\frac{\beta}{\alpha}\cdot\alpha)\mathfrak{Cof}\cdot(2\frac{\gamma}{i\alpha}\cdot\alpha)}} = \begin{cases} \dfrac{8\cdot\frac{\beta}{\alpha}\cdot\frac{\gamma}{i\alpha}}{4\left(\frac{\beta^2}{\alpha^2}+\frac{\gamma^2}{\alpha^2}\right)-\left(\frac{\beta^2}{\alpha^2}-\frac{\gamma^2}{\alpha^2}\right)^2} \\ \text{für momentenfrei} \\ \text{gelagerte Ränder} \\ \\ \dfrac{2\cdot\frac{\beta}{\alpha}\cdot\frac{\gamma}{i\alpha}}{4-\left(\frac{\beta^2}{\alpha^2}+\frac{\gamma^2}{\alpha^2}\right)} \\ \text{für eingespannte} \\ \text{Ränder} \end{cases}$$

Ist aus der transzendenten Gleichung (A 14) α ermittelt, so kann die Beullast $n_{\bar{x}}$ als Funktion von $\frac{\mathcal{H}_1}{\alpha}$ dargestellt werden. $\mathcal{H}_1$ charakterisiert die Wellenlänge der Beulfläche. Der kleinste Wert der Funktion $n_{\bar{x}} = f\left(\frac{\mathcal{H}_1}{\alpha}\right)$

ist die gesuchte Beullast und aus dem dazugehörigen Wert $\mathcal{H}_1$ ergibt sich für die Beulenlänge aus (67) und (81)

$$(A\ 15) \qquad \ell/b = \frac{\pi}{2\,\mathcal{H}_1 \cos\varphi^*} \cdot \sqrt{\frac{B_{11}^*}{B_{22}^*}}$$

oder wenn man wieder die Steifigkeitskoeffizienten D_{ik} einführt:

$$(A\ 16) \qquad \ell/b = \frac{\pi}{2\cdot\mathcal{H}_1} \cdot \sqrt[4]{\frac{D_{11}}{D_{22}} - 4\frac{D_{13}}{D_{22}}\cdot\frac{D_{23}}{D_{22}} + 2\frac{D_{12}+2D_{33}}{D_{22}}\cdot\left(\frac{D_{23}}{D_{22}}\right)^2 - 3\left(\frac{D_{23}}{D_{22}}\right)^4}$$

Die Beullast $N_{\bar{x}}$ ermittelt sich aus der gefundenen reduzierten Beullast $n_{\bar{x}}$ aus (83) zu:

$$(A\ 17) \qquad N_{\bar{x}} = n_{\bar{x}} \cdot \frac{4\cos\varphi^* \sqrt{B_{11}^* B_{22}^*}}{b^2}$$

bzw.

$$(A\ 18) \qquad N_{\bar{x}} = \frac{n_{\bar{x}}\cdot 4}{b^2}\cdot\sqrt{D_{11}D_{22} - 4D_{13}D_{23} + 2(D_{12}+2D_{33})\frac{D_{23}^2}{D_{22}} - 3\frac{D_{23}^4}{D_{22}^2}}$$

Die Ermittlung der Größe α aus der transzendenten Gleichung (A 14) erfordert einen größeren Rechenaufwand. Von SEYDEL [3] ist die transzendente Gleichung (A 14) - sie gilt in gleicher Form, wie in Abschnitt 3.2 gezeigt wurde, sowohl für den anisotropen wie auch für den von SEYDEL untersuchten randparallel-orthotropen Plattenstreifen - sehr ausführlich diskutiert worden. Es wird daher auf diese Arbeit verwiesen.

Abbildung 23 zeigt als Beispiel die typische Abhängigkeit der reduzierten Beullast eines anisotropen momentenfrei gelagerten Plattenstreifens mit den Kennwerten $\varepsilon_1^* = \pm 0{,}59$ und $\vartheta^* = 0{,}6$ von der Größe $\frac{\mathcal{H}_1}{\alpha}$ (aus Gründen der zweckmäßigeren Darstellung ist $n_{\bar{x}}$ über dem reziproken Wert $\frac{\alpha}{\mathcal{H}_1}$ aufgetragen).

Man erkennt, daß die Funktion $n_{\bar{x}} = f(\frac{\alpha}{\mathcal{H}_1})$ nur innerhalb eines gewissen Intervalles existiert; die Grenzen dieses Intervalles liegen bei $\frac{\alpha}{\mathcal{H}_1} = 0$ und bei einem Wert von $\frac{\alpha}{\mathcal{H}_1}$, für den $\frac{\beta^2}{\alpha^2} = 0$ ist. Für größere Werte von $\frac{\alpha}{\mathcal{H}_1}$ ist $n_{\bar{x}}$ imaginär. An den Grenzen des Intervalles wird $n_{\bar{x}}$ unendlich groß und in seinem Inneren existiert ein einziges Minimum, daß die gesuchte Beullast bestimmt.

Auf derselben Abbildung 23 ist die Funktion $n_{\bar{x}} = f(\frac{\alpha}{\mathcal{H}_1})$ für eine anisotrope Platte mit den Kennwerten $\varepsilon_1^* = \pm 0{,}59$ und $\vartheta^* = 0{,}4$ dargestellt. Wie

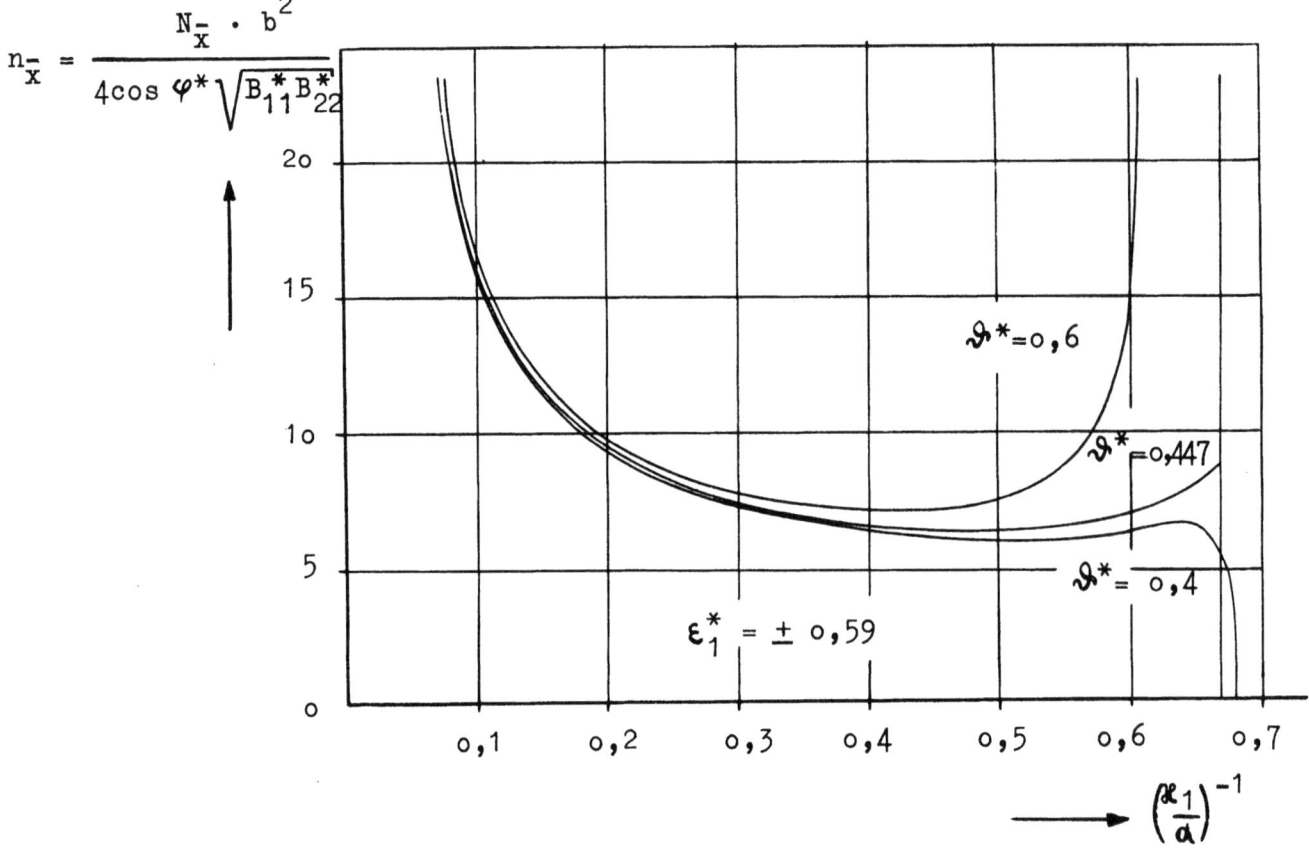

Abbildung 23
Zur Ermittlung der Druckbeullasten $n_{\bar{x}}$

man aus Abbildung 4 bzw. (40) feststellen kann, liegt dieses Kennwertpaar außerhalb des Existenzbereiches anisotroper Platten. Eine diesen Kennwerten zugeordnete anisotrope Platte wäre bereits in unbelastetem Zustand in einem instabilen Zustand. Diese Tatsache macht sich in der Funktion $n_{\bar{x}} = f(\frac{a}{\mathcal{X}_1})$ dadurch bemerkbar, daß sie an der einen Intervallgrenze nach minus unendlich geht; eine Beullast kann daher - wie es wegen des instabilen Zustandes dieser Platte auch sein muß - für diesen Fall nicht ermittelt werden.

Als drittes Beispiel ist in Abbildung 23 die Funktion $n_{\bar{x}} = f(\frac{a}{\mathcal{X}_1})$ für das an der Grenze des Existenzbereiches liegende Kennwertpaar ($\varepsilon_1^* = \pm 0,59$, $\vartheta^* = 0,447$) dargestellt. In diesem Grenzfall ergibt sich an der Intervallgrenze ein endlicher Wert für $n_{\bar{x}}$, der den Verzweigungspunkt für zwei geradlinig nach plus bzw. minus unendlich verlaufende Äste der Funktion $n_{\bar{x}}$ darstellt.

7.22 Reine Schubbelastung

Die Beullasten des durch reinen Schub belasteten anisotropen Plattenstreifens werden aus dem Gleichungssystem (97) und einer der Beulgleichungen (86) bzw. (87) bestimmt.

Das Gleichungssystem kann nach Umformung geschrieben werden:

$$(A\ 19) \quad n_{\overline{xy}} = \alpha^2 \left[\frac{\frac{\beta^2}{\alpha^2} - \frac{\gamma^2}{\alpha^2}}{\frac{\varkappa_2}{\alpha}} + 2\left(\varepsilon_1 - \vartheta\,\varepsilon_2 + 2\,\varepsilon_2^3\right) \frac{\varkappa_2^2}{\alpha^2} \right]$$

$$(A\ 20) \quad \frac{\beta^2}{\alpha^2} = (3\,\varepsilon_2^2 - \vartheta) \frac{\varkappa_2^2}{\alpha^2} - 2\,\varepsilon_2 \frac{\varkappa_2}{\alpha} - 1$$
$$+ \sqrt{\left[2 - (2\,\varepsilon_2^2 - \vartheta + 1)\frac{\varkappa_2^2}{\alpha^2}\right] \cdot \left[2 - (2\,\varepsilon_2^2 - \vartheta - 1)\frac{\varkappa_2^2}{\alpha^2}\right]}$$

$$(A\ 21) \quad \frac{\gamma^2}{\alpha^2} = (3\,\varepsilon_2^2 - \vartheta) \frac{\varkappa_2^2}{\alpha^2} + 2\,\varepsilon_2 \frac{\varkappa_2}{\alpha} - 1$$
$$- \sqrt{\left[2 - (2\,\varepsilon_2^2 - \vartheta + 1)\frac{\varkappa_2^2}{\alpha^2}\right] \cdot \left[2 - (2\,\varepsilon_2^2 - \vartheta - 1)\frac{\varkappa_2^2}{\alpha^2}\right]}$$

Die Steifigkeitseigenschaften der Platte gehen jetzt durch die drei Kennwerte ϑ, ε_1 und ε_2 in die Rechnung ein.

Unter Verwendung der Beulgleichungen (A 14) können nach dem im Abschnitt 7.2 angegebenen Verfahren die Beullasten $n_{\overline{xy}}$ für ein gegebenes Kennwerttripel als Funktion von $\frac{\varkappa_2}{\alpha}$ errechnet werden.

Abbildung 24 zeigt die Funktion $n_{\overline{xy}} = f(\frac{\varkappa_2}{\alpha})$ für einen anisotropen Plattenstreifen mit den Kennwerten $\varepsilon_1 = \varepsilon_2 = -0,5$ und $\vartheta = 1,15$ für momentenfrei gelagerte und eingespannte Längsränder. Die Funktion existiert wieder nur innerhalb eines bestimmten Intervalles von $\frac{\varkappa_2}{\alpha}$, das hier jedoch, umgekehrt wie bei Druckbelastung, durch den Wert $\frac{\varkappa_2}{\alpha} = 0$ und den Wert $\frac{\varkappa_2}{\alpha}$, für den $\frac{\beta^2}{\alpha^2} = 0$ ist, begrenzt ist. Die Funktion $n_{\overline{xy}} = f(\frac{\varkappa_2}{\alpha})$ wird wieder an den Grenzen des Intervalles unendlich groß und in seinem Inneren existiert ein Minimum, das die gesuchte Beullast angibt.

Die Abbildung 24 läßt die Steigerung der Beullast durch die Einspannung der Ränder erkennen.

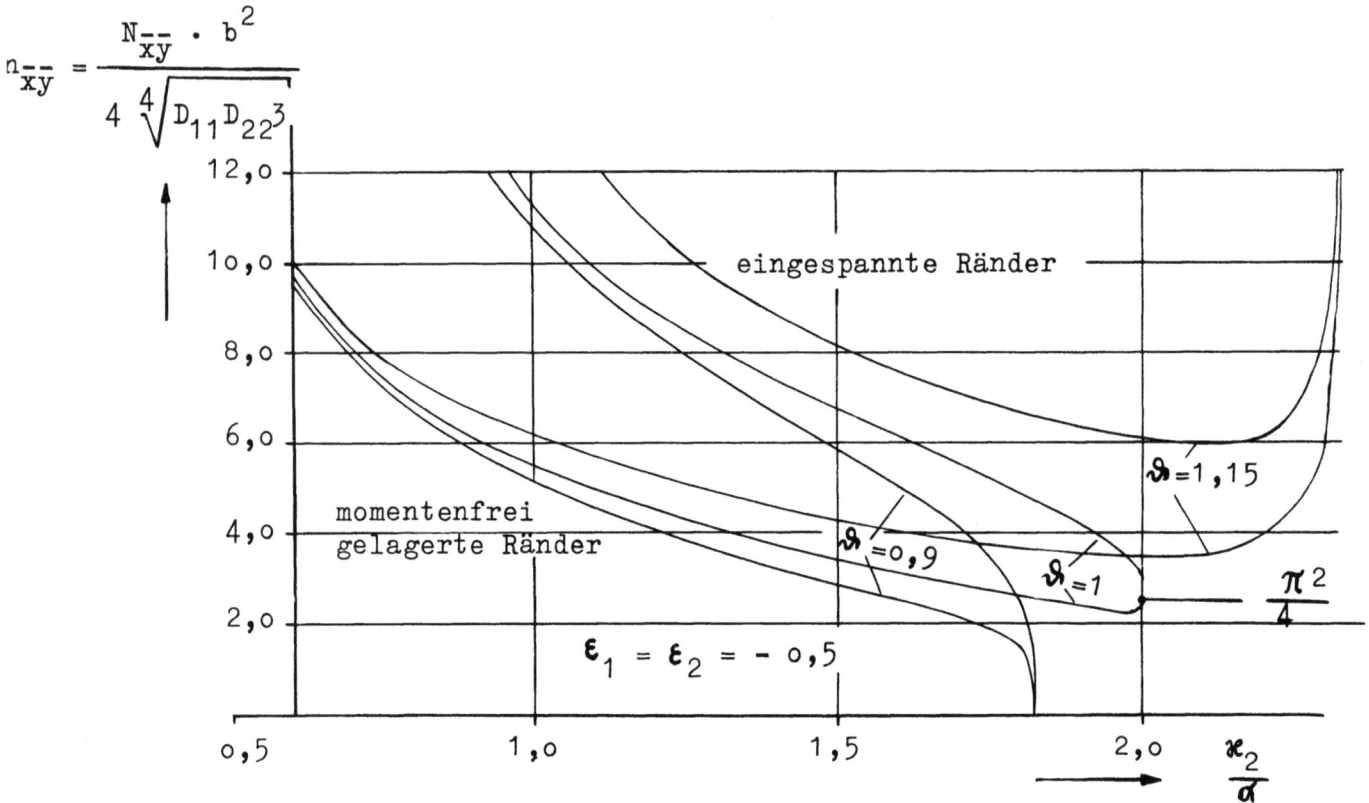

Abbildung 24
Zur Ermittlung der Schubbeullasten $n_{\overline{xy}}$

Für das Kennwertpaar ($\varepsilon_1 = \varepsilon_2 = -0,5$; $\vartheta = 1,0$), das an der Grenze des Existenzbereiches liegt, ergibt sich an der Intervallgrenze ein endlicher Wert $n_{\overline{xy}} = \frac{\pi^2}{4}$, der wieder den Verzweigungspunkt für zwei geradlinig nach plus bzw. minus unendlich verlaufende Äste der Funktion darstellt.

Für $\vartheta > 1$ verlaufen alle Funktionen an der Intervallgrenze nach plus unendlich, während sie für $\vartheta < 1$, wie das in Abbildung 24 eingezeichnete Beispiel $\vartheta = 0,9$ zeigt, nach minus unendlich gehen. Das Kennwertpaar liegt im zweiten Fall wieder außerhalb des Existenzbereiches anisotroper Platten.

Es ist noch bemerkenswert, daß die Beullast (für $\vartheta = 1$) an der Intervallgrenze $n_{\overline{xy}} = \frac{\pi^2}{4}$ für Plattenstreifen mit eingespannten Rändern das Minimum der Funktion darstellt, während bei Plattenstreifen mit momentenfrei gelagerten Rändern ein Minimum bereits vor der Intervallgrenze auftritt.

VERZEICHNIS DER DVL-BERICHTE

Bisher sind erschienen

Nr. 1
SÖHNGEN, H.
    Schwingungsverhalten eines Schaufelkranzes im Vakuum

Nr. 2
WEISSINGER, J.
    Zur Aerodynamik des Ringflügels. I. Die Druckverteilung dünner, fast drehsymmetrischer Flügel in Unterschallströmung

Nr. 3
KEUNE, F.
    Bericht über eine Näherungstheorie der Strömung um Rotationskörper ohne Anstellung bei Machzahl Eins

Nr. 4
LEIST, K. und W. DETTMERING
    Turbinenschaufeln aus Kunststoff für Kaltluftuntersuchungen

Nr. 5
SPENGLER, G. und K.A. SCHMID
    Vergleich der Liefervorschriften der ehemaligen deutschen Luftwaffe mit den entsprechenden US- bzw. britischen Spezifikationen für Flugtreib- und Schmierstoffe

Nr. 6
LEIST, K., K. SCHLEIERMACHER und J. WEBER
    Spannungsoptische Untersuchungen von Turbinenschaufelfüßen

Nr. 7
LEIST, K. und K. GRAF
    Kleingasturbinen insbesondere zum Fahrzeugantrieb

Nr. 8
KEUNE, F.
    Zusammenfassende Darstellung und Erweiterung des Äquivalenzsatzes für schallnahe Strömung

Nr. 9
SCHLIPPE v., B.
    Strömung von Flüssigkeiten mit temperaturabhängiger Zähigkeit (Kühlung von Ölen)

Nr. 1o
SCHMIEDEN, C. und K.H. MÜLLER
    Die Strömung einer Quellstrecke im Halbraum - eine strenge Lösung der Navier-Stokes-Gleichungen

Nr. 11
SÖHNGEN, H.
    Strömung vor einem Überschall-Laufrad

Nr. 12
QUICK, A.W.
    Ein Verfahren zur Untersuchung des Austauschvorganges in verwirbelten Strömungen hinter Körpern mit abgelöster Strömung

---

WESTDEUTSCHER VERLAG · KÖLN UND OPLADEN

Nr. 13
KEUNE, F.
    Der gewölbte und verwundene Tragflügel ohne Dicke in Schallnähe

Nr. 15
FIECKE, D.
    Die Bestimmung der Flugzeugpolaren für Entwurfszwecke.
    I. Teil: Unterlagen

Nr. 16
THIELEMANN, W.
    Über die Beulung anisotroper Plattenstreifen

Nr. 17
THIELEMANN, W. und H.J. DREYER
    Beitrag zur Frage der Beulung dünnwandiger axial gedrückter
    Kreiszylinder

In Vorbereitung sind

Nr. 14
LEIST, K. und H.G. WIENING
    Enzyklopädische Abhandlung über ausgeführte Strahltriebwerke

Nr. 18
DREYER, H.J.
    Zur Ermittlung der Spannungsverteilung in einem schiefen Kastenträger

Nr. 19
EGERT, Ph.
    Eine Lösungsmethode zur Prandtlschen Integrodifferentialgleichung
    und ihre Erweiterung zu einer ersten Näherung der Tragflächen-
    theorie der Flügel kleiner Streckung

Nr. 20
KEUNE, F.
    Über eine Erweiterung der parabolischen Näherungsmethode für die
    auftriebslose Strömung um Rotationskörper bei Schallanströmung

Nr. 21
RUFF, S., F. KIPP, H. HANSTEEN und G. MÜLLER
    Untersuchungen zu Gehörschädigungen bei Flugzeugbesatzungen

Nr. 22
WÜNSCHE, O., G. SCHÄFER, K. KRIEGER, H. BRAUN und W. HARTWIG
    Untersuchungen über die therapeutische Verwendung des
    Sauerstoffmangels

MIX
Papier aus verantwortungsvollen Quellen
Paper from responsible sources
FSC® C105338

If you have any concerns about our products,
you can contact us on
ProductSafety@springernature.com

In case Publisher is established outside the EU,
the EU authorized representative is:
**Springer Nature Customer Service Center GmbH
Europaplatz 3, 69115 Heidelberg, Germany**

Printed by Libri Plureos GmbH
in Hamburg, Germany